John
**Faraday und s**

CW01430640

Mit einem Vorwort von Hermann von Helmholtz

SEVERUS

**Tyndall, John:** Faraday und seine Entdeckungen.

**Hamburg, SEVERUS Verlag 2013**
Nachdruck der Originalausgabe von 1870

ISBN: 978-3-86347-518-5
Druck: SEVERUS Verlag, Hamburg, 2013


Der SEVERUS Verlag ist ein Imprint der Diplomica
Verlag GmbH.

**Bibliografische Information der Deutschen
Nationalbibliothek:**
Die Deutsche Nationalbibliothek verzeichnet diese
Publikation in der Deutschen Nationalbibliografie;
detaillierte bibliografische Daten sind im Internet über
http://dnb.d-nb.de abrufbar.

# FARADAY

UND

# SEINE ENTDECKUNGEN.

EINE GEDENKSCHRIFT

VON

## JOHN TYNDALL,

Professor der Physik an der Royal Institution und der Königl. Bergwerksschule
zu London.

AUTORISIRTE DEUTSCHE ÜBERSETZUNG

HERAUSGEGEBEN

DURCH

## H. HELMHOLTZ.

SEVERUS

# VORREDE ZUR ÜBERSETZUNG.

Der Aufforderung des Herrn Verlegers, die Herausgabe einer deutschen Uebersetzung des vorliegenden Buches zu beaufsichtigen, bin ich gern nachgekommen.

Faraday ist ein verehrungswürdiger Name für jeden Naturforscher. Ich selbst hatte mich mehrere Male in London bei Vorlesungen, die ich in der Royal Institution hielt, seiner zuvorkommenden Hülfe und seines liebenswürdigen Verkehrs zu erfreuen, der durch die vollkommene Einfachheit, Bescheidenheit und ungetrübte Reinheit seiner Gesinnung etwas Bezauberndes hatte, wie ich es bei keinem andern Manne je wieder kennen gelernt habe. Ich hatte deshalb eine Pflicht der Dankbarkeit ihm gegenüber zu erfüllen.

Aber auch abgesehen davon und abgesehen
von der Freundschaft für Faraday's jüngern
Genossen und Nachfolger, den Autor des vorliegenden Buches, die mich zur Uebernahme dieser
Arbeit trieben, glaubte ich den deutschen Lesern
einen Dienst zu leisten, wenn ich, soviel an mir
war, ihnen den Einblick in das Wirken und Wesen
eines so reich und so eigenthümlich begabten,
ganz naturwüchsigen Geistes zu erleichtern suchte.

Auch sind es keineswegs die Naturforscher
allein, für welche ein solcher Einblick Interesse
haben muss. Freilich sind sie die Nächstbethei-
ligten. Kaum jemals hat ein einziger Mensch
eine so grosse Reihe wissenschaftlicher Entdeckungen von folgenschwerster Bedeutung gemacht, wie Faraday. Die meisten derselben
kamen vollkommen überraschend, wie durch einen
unbegreiflichen Instinct gefunden, zu Tage, und
Faraday selbst wusste die Gedankenverbindun-
gen, die ihn dazu geleitet hatten, auch später
kaum in klaren Worten wiederzugeben. Dabei
waren fast alle diese Entdeckungen von der Art,
dass sie auf unsere Vorstellungen von dem Wesen
der Kräfte den eingreifendsten Einfluss ausübten. Namentlich konnte Faraday's magnet-
elektrischen und diamagnetischen Entdeckungen
gegenüber die ältere Auffassung der in die Ferne

wirkenden Kräfte nicht bestehen bleiben, ohne
wesentliche Erweiterungen und Umänderungen zu
erfahren, an deren Klarstellung die Physik allerdings noch jetzt arbeitet.

Auf welchem Wege so Aussergewöhnliches geleistet werden konnte, ist natürlich für den Naturforscher, der ähnlichen, wenn auch bescheideneren,
Zielen nachstrebt, vorzugsweise interessant; Faraday's Entwickelung scheint mir aber auch ein
nicht geringeres allgemein menschliches Interesse
manchen theoretischen Fragen der Psychologie
und praktischen der Erziehungskunst gegenüber
zu haben. Die äusseren Bedingungen, unter denen
er die hervorragenden Fähigkeiten, wegen deren
wir ihn bewundern, ausgebildet hat, sind die ein-
fachsten, die man sich denken kann. Er ist vollkommen Autodidact, in ärmlichen Verhältnissen
aufgewachsen, ohne mehr als den allergewöhnlich-
sten Unterricht zu empfangen, nur darin vom
Glücke begünstigt, dass er als armer Buchbinderlehrling rechtzeitig an Humphry Davy einen
Helfer fand, der seine besondere Begabung erkannte und ihm die Möglichkeit verschaffte, zwar
in untergeordneter Stellung, doch wenigstens in
derjenigen Richtung zu arbeiten, zu der sein Genius
ihn hintrieb. Und durch sein ganzes Leben und
Wirken hin zeichnen sich die Vortheile und auch

die Nachtheile einer solchen Entwickelung in so
einfachen und grossen Zügen ab, wie bei wenigen
anderen berühmten Namen ähnlicher Art. Der
Hauptvortheil lag für ihn unverkennbar in seiner,
durch nicht früh angelegte theoretische Fesseln
beengten, geistigen Freiheit den Erscheinungen
gegenüber, und in dem wohlthätigen Zwange,
unter dem er stand, statt der ihm fehlenden
Büchergelehrsamkeit stets die ganze Fülle der
sinnlichen Erscheinungen auf sich wirken zu lassen.
Die Nachtheile sind vielleicht nur untergeordneter
Art, aber sie zeigen sich ebenso unzweifelhaft, wenn
man sieht, wie er ringt, seinen Ideen Ausdruck zu
geben und wie er durch allerlei sinnliche Anschauungsbilder sich den Mangel mathematischer
Einsicht zu ersetzen suchen muss. Letzteres ist
offenbar der Grund, wodurch er auf sein Kraft-
liniensystem, seine Wirkungsstrahlen und andere
Vorstellungen kam, welche seiner Zeit die Physiker in Verlegenheit setzten, und deren wahrer
und klarer Sinn zum Theil erst, nachdem er aufgehört hatte zu wirken, rückwärts aus der mathematischen Theorie her errathen oder erschlossen
worden ist.

Und doch steckte in diesem ungelehrten Sohne
eines Grobschmieds, der dem frommen Glauben
der kleinen Secte, zu der seine Eltern gehörten,

unbeirrt treu blieb, eine philosophische Ader, die
ihn an richtiger Stelle unter die Vordersten in
der allgemeinen wissenschaftlichen Gedankenarbeit
unseres Zeitalters sich einreihen liess; und dass
er der Physik den in England gebräuchlichen Namen der „Naturphilosophie" und dem Physiker
den des „Philosophen" erhalten wissen will, wie
Tyndall berichtet, liegt ganz wesentlich in der
Richtung seiner Arbeiten begründet. Nachdem
unsere Zeit in ihrem wohlberechtigten Streben,
das menschliche Wissen vor allen Dingen zum
treuen Abbilde der Wirklichkeit zu machen, viele
alte metaphysische Götzenbilder zerschlagen hatte,
blieb sie stehen vor den überlieferten Formen
der physikalischen Begriffe der Materie, der Kraft,
der Atome, der Imponderabilien, ja diese Namen
wurden zum Theil die neuen metaphysischen
Stichworte derer, die sich am meisten in der Auf-
klärung vorgeschritten zu sein dünkten. Diese
Begriffe nun sind es, die Faraday in seinen
reiferen Arbeiten immer und immer wieder von
Allem zu reinigen sucht, was sie Theoretisches
enthalten, und was nicht unmittelbarer und
reiner Ausdruck der Thatsachen ist. Namentlich
ist es die Wirkung der Kräfte in die Ferne, die
Annahme der zwei elektrischen und der zwei
magnetischen Flüssigkeiten, denen er widerstreitet,

ebenso alle Hypothesen, die dem Gesetze von der
Erhaltung der Kraft widersprechen, was er schon
früh geahnt, wenn auch in seinem wissenschaftlichen Ausdrucke eigenthümlich missverstanden
hat. Und gerade in dieser Richtung hat er den
unverkennbarsten Einfluss zunächst auf die eng-
lischen Physiker gehabt. Namentlich die Mathematiker unter ihnen arbeiten wesentlich in dem
Sinne, dass sie die mathematische Theorie der
Erscheinungen zum treuen und reinen Ausdrucke
des Gesetzes der Thatsachen zu machen suchen,
mit Fernhaltung aller willkürlichen theoretischen
Erfindungen, und dabei kommen in der That
Faraday's Anschauungsbilder vielfältig, wenn
auch in etwas anderer Fassung, wieder zum Vorschein und erhalten ihre klare Bedeutung.

Professor Tyndall hat seine Schrift zunächst
für einen Kreis von Lesern und Zuhörern einge-
richtet, dem die Person und das Wirken des
eben Verstorbenen noch im frischesten Andenken,
dem die Verhältnisse seiner Stellung, die Umstände seines Lebens wohl bekannt waren. Alles
dies liegt dem deutschen Leser ferner; ich habe
deshalb aus der Reihe biographischer Notizen, die
Herr Dr. H. Bence Jones über Faraday in
den Sitzungsberichten der Royal Society zusammengestellt hatte, noch einige Ergänzungen hinzugefügt,

die theils die äusseren Umstände von F a r a d a y's
Leben betreffen, theils charakteristische Aeusserungen über allerlei wissenschaftliche und praktische Fragen enthalten.

Dadurch ist freilich kein wohlgeordnetes Ganzes entstanden, sondern nur eine Anhäufung von
losem Material. Aber es erschien mir dies noch
besser, als wenn ich den Zusammenhang von
T y n d a l l's lebhafter und eindringlicher Darstellung durch Einschiebungen unterbrochen hätte.

Heidelberg, im Mai 1870.

**H. Helmholtz.**

# INHALT.

# Inhalt.

# FARADAY

U N D

# SEINE ENTDECKUNGEN.

---

## Abstammung, Anstellung in der Royal Institution. Früheste Experimente. Erste Abhandlung für die Royal Society. Heirath.

---

Es schien uns wünschenswerth, Ihnen und der Mitwelt ein Bild von Michael Faraday dem Manne der Forschung, dem Urheber so grosser Entdeckungen zu entwerfen. Der Versuch, diesem Wunsche zu genügen, war mir eine schwere, wenn auch liebe Arbeit. Denn wie genau ich auch mit den Untersuchungen und Entdeckungen des grossen Meisters bekannt sein mag, wie zahlreich auch die Beispiele von Faraday's Charaktergrösse und der Reinheit seines Lebens sein mögen, die mir vor Augen stehen, so ist doch die Aufgabe nicht leicht, ihn selbst und seine Arbeiten als ein Ganzes zu erfassen, den Sinn, der ihn leitete und Alles in ihm verband, zu ergründen, und Eintritt zu gewinnen in diese starke und thätige Geisteskraft, um in ihr die Räthsel der Schöpfung zu lesen. Besonders schwierig, wo nicht unmöglich war eine solche Arbeit bei der Zersplitterung meiner Zeit durch so viel andere Pflichten. Dass ich früher oder später einmal dazu berufen sein würde, zu Ihnen von Faraday und seinen Arbeiten zu sprechen, war zu erwarten, ja unvermeidlich; allein ich glaubte diesen Zeitpunkt nicht so nahe. Es genügte die mir gemachte Bemerkung, dass der jetzige Augenblick der geeignete und richtige zum Sprechen sei, um mich zu der Arbeit zu veranlassen. Ich habe an Material zusammengebracht, so viel mir möglich war und ich möchte nur wünschen, dass die Resultate meiner Arbeit sowohl der Grösse meines Gegenstandes als Ihrer Aufmerksamkeit würdiger wären.

Es liegt nicht in meiner Absicht, Ihnen eine Lebensbeschreibung Faraday's im gewöhnlichen Sinne des Wortes vorzulegen. Meine Pflicht besteht darin, Ihnen einen Begriff von dem zu geben, was er in der Welt geleistet hat, dabei auf den Geist, welcher ihn bei seiner Arbeit beseelte, einzugehen und Züge seines persönlichen Wesens hinzuzufügen, soweit sie nöthig sind um Ihnen das Bild des Naturforschers zu vervollständigen, wenn sie auch keineswegs genügen mögen, um Ihnen ein vollständiges Bild des Menschen zu geben.

Sie werden bereits aus den Zeitungen gesehen haben, dass Michael Faraday am 22. September 1791 zu Newington Butts geboren wurde und zu Hampton Court am 25. August 1867 verschied. Da ich an die allgemeine Wahrheit von der Lehre der erblichen Uebertragung glaube und Carlyle's Ansicht theile, „dass ein wirklich bedeutender Mensch niemals von ganz einfältigen Eltern abstammen könne," erlaubte ich mir im Vertrauen auf unser Freundschaftsverhältniss Faraday zu fragen, ob seine Eltern irgend welche ungewöhnliche Begabung gezeigt hätten. Er konnte sich keiner Solchen erinnern.

Sein Vater war jedoch, so viel ich weiss, sehr leidend während der letzten Jahre seines Lebens, und möglicher Weise wurden seine geistigen Fähigkeiten dadurch beeinträchtigt. Im Alter von dreizehn Jahren, also 1804, trat Faraday bei einem Buchhändler, der zugleich Buchbinder war, in Blandford Street, Manchester Square, in die Lehre; hier verbrachte er acht Jahre seines Lebens, um später anderwärts als Geselle einzutreten.

Sie haben auch bereits gehört, auf welche Weise Faraday zuerst in Beziehung zu der Royal Institution trat, wie er von einem Mitgliede bei den letzten Vorlesungen von Sir Humphry Davy eingeführt wurde, wie er sich Notizen vom Gehörten machte, dieselben ausarbeitete und sie an Davy schickte, mit der Bitte, ihm die Möglichkeit zu schaffen aus dem Geschäftsleben, das er hasste, auszuscheiden und sich der Wissenschaft, die er liebte, zuzuwenden. Davy half dem jungen Manne; eine That, deren Andenken nicht erlöschen sollte; er schrieb sofort an Faraday und ernannte ihn später, als sich eine Gelegenheit darbot, zu seinem Gehülfen*).

Herr Gassiot hat kürzlich die Güte gehabt, mir folgende Erinnerung aus jener Zeit mitzutheilen:

---

*) Folgendes ist Davy's Empfehlung Faraday's, welche dem Vorstand der Royal Institution bei einer Sitzung am 13. März 1813 durch den Vorsitzenden, Charles Hatchett, vorgelegt wurde:

„Sir Humphry Davy beehrt sich, den Vorstand zu benachrichtigen, dass er Jemand gefunden hat, der die früher von William Payne innegehabte Stellung am Institute auszufüllen wünscht. Sein Name ist Michael Faraday. Es ist ein junger Mann von 22 Jahren. — Nach Allem, was Sir H. Davy erfahren und beobachten konnte, scheint er für die Stelle sehr geeignet, von guten Sitten, in Wesen und Charakter thätig, frisch und intelligent zu sein. Er ist geneigt die Stelle unter denselben Bedingungen, wie sie Herrn Payne bei seinem Weggang vom Institute bewilligt waren, zu übernehmen."

Beschluss: „Michael Faraday soll die früher von Herrn Payne bekleidete Stelle unter denselben Bedingungen erhalten."

1*

28. November 1867.

Lieber Tyndall!

Sir H. Davy pflegte auf seinem Wege nach der Royal Institution Herrn Pepys in Poultry zu besuchen, da Letzterer ein Mitglied des ursprünglichen Vorstandes der Anstalt war. Dieser sagte mir, einst habe Sir Humphry Davy ihm einen Brief gezeigt, mit den Worten: „Was soll ich thun, Pepys, hier ist ein Brief von einem jungen Manne Namens Faraday, der meine Vorlesungen gehört hat und mich nun bittet, ihn in der Royal Institution zu verwenden. Was kann ich thun?" —

„Thun?" erwiderte Pepys, „lassen Sie ihn Flaschen schwenken. Taugt er etwas, so wird er sofort darauf eingehen; weigert er sich, so taugt er nichts."

„Nein, nein," sagte Davy, „wir müssen ihn zu etwas Besserem verwenden."

Der Erfolg war, dass Davy ihn für wöchentlichen Lohn als Gehülfen im Laboratorium anstellte.

Davy war zugleich Professor der Chemie und Director des Laboratoriums. Die erstere Stelle gab er später an den jetzt verstorbenen Prof. Brande ab; allein er bestand darauf, dass Faraday zum Director des Laboratoriums ernannt wurde, was es diesem, wie er mir selbst sagte, möglich machte, bei späteren Gelegenheiten eine feste Stellung einzunehmen, worin er auch stets durch Davy unterstützt wurde. Ich glaube, er hat dieses Amt bis zuletzt bekleidet.

Ihr etc. etc.

J. P. Gassiot.

Aus einem bald nach seiner Ernennung zum Assistenten geschriebenen Briefe Faraday's entnehme ich
folgenden Bericht über seine Einführung in die Royal
Institution:

London, Sept. 13. 1813.

„Was mich betrifft, so bin ich, mit Ausnahme gele-
gentlicher Besuche, Tag und Nacht von Hause entfernt
und sehr wahrscheinlich werde ich bald ganz weg-
gehen."

„Wie dies zuging werde ich Ihnen erklären, da meine
Mutter es wünscht und ich auch weiter nichts zu berichten habe. Ich war früher Buchhändler und Buchbinder;
jetzt aber bin ich Naturforscher*) geworden und zwar auf
folgende Weise:    Als Buchbinderlehrling lernte ich zu
meinem Vergnügen etwas Chemie und andere Zweige der
Naturwissenschaften und empfand das dringende Verlangen auf diesem Wege fortzuschreiten. Nachdem ich sechs
Monate lang als Geselle unter einem unangenehmen Meister
gearbeitet hatte, gab ich mein Geschäft auf und erhielt
durch den Einfluss eines Sir H. Davy die Stelle eines Assistenten der Chemie an der Royal Institution von Gross-
britanien, welche ich auch jetzt bekleide und wodurch ich
beständig Gelegenheit habe, die Natur in ihren Werken
zu beobachten und die Art und Weise, wie sie die
Ordnung und den Zusammenhang der Welt leitet, zu verfolgen."

„Sir Humphry Davy hat mir kürzlich angeboten,
ihn als naturwissenschaftlicher Gehülfe auf seinen Reisen

---

*) Faraday liebte den Ausdruck „Naturforscher" (englisch Philo-
sopher) und gebrauchte ihn sein ganzes Leben hindurch, während er die
moderne Bezeichnung „Physiker" (englisch Physicist) verabscheute.

durch Europa und Asien zu begleiten. Wenn ich die
Reise überhaupt mitmache, werde ich wohl gegen Ende
des nächsten Octobers abgehen und meine Abwesenheit
wird möglicher Weise drei Jahre dauern. Allein bis jetzt
ist noch alles ungewiss! — "

Dieser Bericht wird durch den folgenden Brief von
Faraday an seinen Freund De la Rive (dem ich eine
Abschrift des Originals verdanke) vervollständigt, welchen
er bei Anlass des Todes von Mrs. Marcet schrieb. Der
Brief ist vom 2. September 1858 datirt und lautet:

Mein lieber Freund!

„Der Gegenstand, worüber Sie mir schrieben, interes-
sirte mich tief in jeder Beziehung; denn Mrs. Marcet war
mir eine gute Freundin gewesen, wie sie es gewiss vielen
Menschen war. Ich trat 1804 in meinem dreizehnten Jahre
in das Geschäft eines Buchhändlers und Buchbinders, verblieb daselbst acht Jahre und verbrachte fast die ganze
Zeit mit Einbinden von Büchern. In eben diesen Büchern
fand ich nach vollbrachter Arbeitszeit den Anfang meiner
Kenntnisse. Zwei Bücher waren mir von besonderem
Nutzen; zuerst die „Encyclopaedia Britannica", woraus ich
meine ersten Begriffe von Elektricität schöpfte, und sodann Mrs. Marcet's „Gespräche über Chemie", welche
mir eine Grundlage in dieser Wissenschaft gaben" ....

„Glauben Sie ja nicht, dass ich ein tiefer Denker oder
ein besonders früh entwickeltes Individuum gewesen wäre.
Ich war lebhaft und voll Einbildungskraft und glaubte
ebenso gern an „Tausend und Eine Nacht" als an die
„Encyclopaedie". Allein Thatsachen waren mir wichtig,
und dies war meine Rettung. Einer Thatsache konnte ich
vertrauen; einer Behauptung musste ich immer Einwände
entgegenstellen. So prüfte ich Mrs. Marcet's Buch durch

solche kleine Versuche, zu deren Ausführung ich die
Mittel hatte, und fand es den Thatsachen entsprechend,
so wie ich dieselben verstand; ich fühlte, dass ich einen
Anker für meine chemischen Kenntnisse gefunden hatte,
und klammerte mich fest daran. Daher stammt meine
tiefe Verehrung für Mrs. Marcet; erstens, weil sie mir
eine grosse persönliche Wohlthat und Freude erwiesen
hat, sodann aber auch, weil sie im Stande war, dem
jungen, ungelehrten und forschenden Geist die Wahrheiten
und Grundsätze jener unermesslichen Welt von Kenntnissen, welche sich auf die Natur beziehen, zu eröffnen."

„Sie können sich mein Entzücken vorstellen, als ich
Mrs. Marcet persönlich kennen lernte; wie oft ich in
die Vergangenheit zurückblickte und die Gegenwart damit
verglich; wie oft ich an meine erste Lehrerin dachte,
wenn ich ihr eine Abhandlung als Dankopfer übersandte,
und diese Empfindungen werden mich nie verlassen."

„Ich hege ähnliche Empfindungen für Ihren Vater,
der, ich kann wohl sagen, der Erste war, welcher mich
sowohl persönlich in Genf als auch später schriftlich ermuthigte und dadurch aufrecht hielt."

Vor zwölf oder dreizehn Jahren verliess ich einmal
die Royal Institution zugleich mit Faraday, um gemeinschaftlich mit ihm einen Besuch in Baker Street zu machen.
Vor der Thür, nahm er meinen Arm und indem er ihn
in seiner warmherzigen Weise an sich drückte, sagte er:
„Kommen Sie, Tyndall, ich will Ihnen etwas zeigen,
was Sie interessiren wird." Wir schlugen die Richtung
nach Norden ein, kamen am Hause von Herrn Babbage
vorüber, wodurch Erinnerungen an die in diesem Hause
einst versammelten berühmten Abendgesellschaften wach-
gerufen wurden. Wir erreichten Blandford Street und
nach einigem Umherblicken blieb Faraday vor einem

anständig aussehenden Schreibmaterialienladen stehen und ging hinein. Nach seinem Eintritt schien seine gewöhnliche Lebhaftigkeit sich zu verdoppeln; er überflog mit einem Blicke Alles, was das Local enthielt. Links vom Eingang war eine Thür, durch welche er in ein kleines Gemach mit einem Fenster nach der Strasse hinaus blickte. Mich zu sich heranziehend, sagte er: „Sehen Sie, Tyndall, dies war meine Arbeitsstube. In diesem kleinen Winkel band ich Bücher ein.“ Eine anständige Frau stand hinter dem Ladentisch, konnte jedoch unser leise geführtes Gespräch nicht hören. Faraday wendete sich zu ihr und kaufte eine Kleinigkeit, um unser Eintreten zu entschuldigen. Er frug die Frau nach ihrem eigenen, nach ihres Vorgängers und dessen Vorgängers Namen. „Nein, diesen meine ich nicht,“ sagte er endlich mit gutmüthiger Ungeduld, „wie hiess der Vorgänger von diesem?“ — „Herr Ribeau,“ sagte sie und fügte, wie von einer plötzlichen Erinnerung betroffen, hinzu, „er war der Meister von Sir Charles Faraday.“ — „Unsinn“, erwiderte er „es giebt gar Niemanden dieses Namens.“ Gross war das Entzücken der Frau, als ich ihr den Namen ihres Kunden sagte; aber sie versicherte, dass sie sofort gewusst habe, dieser müsse „Sir Charles Faraday“ sein, als sie ihn im Laden habe umhereilen sehen.

Faraday begleitete Davy nach Rom, wie Sie wissen, und wurde 1815 vom Vorstande der Royal Institution abermals angestellt. Hier machte er grosse Fortschritte in der Chemie und unternahm nach einiger Zeit etliche leichtere Analysen, die ihm von Davy anvertraut wurden. Damals liess die Royal Institution eine Zeitschrift „The Quarterly Journal of Science“, die Vorgängerin unserer jetzigen „Proceedings“, erscheinen. Faraday's erster Beitrag zu derselben erschien im Jahre 1816. Es war eine Ana-

lyse einer Art caustischen Kalks von Toscana, welchen die
Herzogin von Montrose an Davy geschickt hatte. Zwischen
dieser Zeit und 1818 veröffentlichte Faraday verschiedene
kleinere Notizen und Abhandlungen. Im Jahre 1818
experimentirte er über die „singenden Flammen". Professor Auguste de la Rive hatte die singenden Flammen
untersucht und eine Theorie für dieselben gefunden, welche
eine ganze Classe von Tönen, die er selbst entdeckt hatte,
vollständig erklärte. Allein etliche einfache und maass-
gebende Versuche Faraday's bewiesen das Ungenügende
dieser Erklärung. Es ist stets ein Abschnitt im Leben
eines jungen Mannes, wenn er in die Lage kommt, einen
ausgezeichneten Forscher berichtigen zu müssen. Für
Faraday konnte ein solches Ereigniss nur günstig wirken,
da es dazu beitrug, ein bescheidenes Selbstvertrauen in ihm
zu erwecken.

Zwischen 1818 und 1820 veröffentlichte Faraday
kleinere Notizen und Abhandlungen von geringer Bedeutung. Es war für ihn mehr eine Zeit des Aneignens als
des Producirens; er arbeitete eifrig für seinen Vorgesetzten und stärkte und bereicherte sein eigenes Wissen.
Er assistirte Professor Brande bei dessen Vorlesungen,
und verrichtete seine Arbeit so ruhig, geschickt und be-
scheiden, dass man zu jener Zeit sagte: „Brande halte
seine Vorlesungen wie auf Sammet." 1820 veröffentlichte
Faraday eine chemische Abhandlung „über zwei neue
Verbindungen von Chlor und Kohlenstoff und über eine
neue Verbindung von Jod, Kohle und Wasserstoff." Diese
Abhandlung wurde der Royal Society am 21. Dec. 1820
vorgelesen, und war die erste, der die Ehre zu Theil ward,
in die Philosophical Transactions aufgenommen zu werden.

Am 12. Juni 1821 verheirathete sich Faraday und
erhielt die Erlaubniss seine junge Frau in seine Wohnung

in der Royal Institution einzuführen, woselbst sie sechs-
undvierzig Jahre zusammen lebten. Sie bezogen die
Räume, welche zuvor von Young, Davy und Brande
bewohnt worden waren. Bei ihrer Verheirathung war
Mrs. Faraday einundzwanzig, Faraday selbst nahezu
dreissig Jahre alt. In Bezug auf diese Ehe will ich mich
vor der Hand begnügen, Ihnen eine Stelle aus Faraday's
Sammlung von amtlichen Papieren mitzutheilen, die mir
einst vor mehreren Jahren in die Hände fiel. Dieselbe ist
von Faraday's eigener Hand geschrieben und lautet also:

25. Januar 1817.

    Unter diesen Aufzeichnungen und Begebenheiten
trage ich hiermit das Datum eines Ereignisses ein,
welches mehr als alle übrigen eine Quelle von Ehre und
Glück für mich wurde.

    Wir wurden getraut am 12. Juni 1821.

M. Faraday.

    Hierauf folgt eine Abschrift des vom 21. Mai 1821
datirten Protocolles, welches ihm eine grössere Anzahl von
Zimmern gewährte und es ihm auf diese Weise möglich
machte, seine Frau in seine Wohnung einzuführen. Ein
Charakterzug von Faraday, den ich oft bei ihm bemerkte, kommt hierbei zu Tage: in seinen Beziehungen zu
seiner Frau vereinigte er stets Ritterlichkeit mit der herzlichsten Neigung *).

---

*) Weitere historische Notizen über Faraday's Jugendzeit siehe
Anhang Nro. I.

## Früheste Untersuchungen.
## Magnetische Rotationen. Verdichtung von Gasen.
## Schweres Glas.  Charles Anderson.
## Beiträge zur Physik.

Oersted entdeckte im Jahre 1820 die Wirkung des Voltaischen Stromes auf die Magnetnadel, und fast unmittelbar darauf gelang es der glänzenden Geisteskraft Ampère's, zu beweisen, dass alle bekannten magnetischen Erscheinungen auf die gegenseitige Wirkung von elektrischen Strömen zurückgeführt werden könnten.  Der Gegenstand beschäftigte alle denkenden Geister, und bei uns in England versuchte Dr. Wollaston die durch den elektrischen Strom bewirkte Ablenkung der Magnetnadel in eine fortdauernde Rotation der Nadel um den Strom zu verwandeln.  Ebenso hoffte er die entgegengesetzte Wirkung, dass der elektrische Strom sich um die Nadel drehen würde, zu erreichen.  Zu Anfang des Jahres 1821 versuchte Wollaston im chemischen Laboratorium der Royal Institution seinen Gedanken in Gegenwart des Sir Humphry Davy zur Ausführung zu bringen. Faraday's Aufmerksamkeit wurde hierdurch auf diesen Gegenstand gelenkt; er las viel darüber und schrieb im

Juli, August und September jenes Jahres „eine Geschichte
des Fortschrittes des Elektromagnetismus", und veröffentlichte dieselbe in Thomson's „Annals of Philosophy".
Bald darauf unternahm er eine Arbeit über „magnetische
Rotationen", und am Christfest 1821 rief er Morgens seine
Frau, dass sie Zeuge sein möge, wie zum ersten Male eine
Magnetnadel um einen elektrischen Strom rotirte. Während er seinen historischen Abriss schrieb, hatte er fast
alle darin beschriebenen Versuche selbst angestellt, und
diese in Verbindung mit seiner spätern, eigenen Arbeit
verliehen ihm die vollkommene praktische Herrschaft
über Alles, was damals über den Voltaischen Strom bekannt
war*). Im Jahre 1821 berührte er gelegentlich einen andern
Gegenstand, welchem er späterhin seine volle Aufmerksamkeit schenkte, nämlich die Verdampfung des Queck-
silbers bei gewöhnlicher Temperatur, und unmittelbar
darauf nahm er gemeinschaftlich mit Herrn Stodard
Versuche über die Zusammensetzungen des Stahles vor.
In späteren Jahren pflegte er seinen Freunden Rasir-
messer zu schenken, welche aus einer der damals entdeckten Legirungen verfertigt worden waren.

Während seiner freien Stunden nahm Faraday
eigene Untersuchungen vor, und so begann er im Frühling
1823 aus eigenem Antrieb die Untersuchung einer Substanz, welche lange Zeit als das chemische Element Chlor
in fester Gestalt angesehen worden war; jedoch schon im
Jahre 1810 durch Sir Humphry Davy für ein Hydrat
von Chlor, d. h. für eine Verbindung von Chlor und
Wasser erklärt worden war. Faraday analysirte dieses
Hydrat zuerst und schrieb einen Bericht über seine Zu-
sammensetzung. Bei der Durchsicht dieses Berichts schlug

---

*) Anhang Nro. II.

Davy die Erwärmung des Hydrates unter Druck in einer geschlossenen Glasröhre vor. Dieses geschah. Das Hydrat schmolz bei Blutwärme; ein gelber Dunst erfüllte die Röhre, worauf deren Inhalt sich in zwei verschiedene Flüssigkeiten schied. Dr. Paris trat zufällig in das Laboratorium, während Faraday an der Arbeit war, und spottete über den jungen Chemiker wegen des unvorsichtigen Gebrauches von unreinen Gefässen. Beim Abfeilen von dem einen Ende der Röhre explodirte deren Inhalt und die ölige Masse verschwand. Früh am nächsten Morgen erhielt Dr. Paris die folgenden Zeilen:

Verehrter Herr!

Das Oel, welches sie gestern bemerkten, war nichts Anderes als flüssiges Chlor.

Ihr treu ergebener

M. Faraday.

Das Gas war durch seinen eigenen Druck flüssig geworden. Faraday versuchte alsdann das Zusammenpressen mittelst einer Pumpe herzustellen, und es gelang ihm, das Gas auf diese Weise flüssig zu machen.

Dem veröffentlichten Berichte dieser Versuche fügte Davy folgende Notiz bei:

„Indem Ich Herrn Faraday veranlasste, das Hydrat des Chlores in einer geschlossenen Glasröhre zu erwärmen, dachte ich mir drei Möglichkeiten: entweder, die Substanz würde als Hydrat flüssig werden, oder das Wasser würde sich zersetzen, oder aber das Chlor würde sich in flüssigem Zustande ausscheiden."

Davy wendete überdies die Methode der selbstcomprimirenden Atmosphären unmittelbar nachher auf das Flüssigwerden des salzsauren Gases an. Faraday setzte

die Versuche fort; und es gelang ihm, eine Anzahl von
Gasen, welche man bis dahin für permanent gehalten hatte,
in flüssigen Zustand zu versetzen. Im Jahre 1844 kehrte
er zu dem Gegenstande zurück und vermehrte noch die
Reihe der coerciblen Gase. Diese wichtigen Untersuchungen stellten die Thatsache fest, dass die Gase nur Dämpfe
von Flüssigkeiten mit sehr niedrigem Siedepunkte sind,
eine Thatsache, die als Grundlage für unsere Ansichten
über das moleculare Gefüge der Körper von erster Wichtigkeit ist. Der Bericht über die erste Untersuchung wurde
der Royal Society am 10. April 1823 vorgetragen und unter
Faraday's Namen in den „Philosophical Transactions"
veröffentlicht. Die zweite hierauf bezügliche Abhandlung
wurde der Royal Society am 19. December 1844 zugesandt.
Ich kann hier hinzufügen, dass einmal während der ersten
Versuche über das Flüssigwerden der Gase dreizehn Glas-
splitter durch eine Explosion in Faraday's Auge geschleudert wurden.

Es folgen nun etliche kürzere Notizen und Abhandlungen, worunter auch die Beobachtung, dass das Glas
im Sonnenlichte leicht die Farbe wechselt. Im Jahre 1825
und 1826 veröffentlichte Faraday zwei Abhandlungen
in den „Philosophical Transactions" über „neue Verbindungen von Kohlenstoff und Wasserstoff" und über „Naph-
thalin-Schwefelsäure". In der ersten zeigte er die Entdeckung des Benzols an, welches unter den Händen neuerer
Chemiker zur Grundlage unserer herrlichen Anilinfarben
geworden ist. Allein er gerieth beständig von der Chemie
in die Physik, und im Jahre 1826 finden wir ihn mit der
Untersuchung über die Grenzen der Verdunstung beschäftigt, wobei er durch sehr sichere und, wie es schien,
endgültige Schlüsse zeigte, dass solche Grenzen sogar für
das Quecksilber bestehen; um so sicherer dünkte ihm der

Beweis, dass unsere Atmosphäre nicht die Dämpfe der festen Bestandtheile der Erde enthält. Diese Frage wird nach meiner Meinung wohl eine offene bleiben. So hat Rankine zum Beispiel kürzlich die Aufmerksamkeit auf den Geruch gewisser Metalle gelenkt. Woher kommt dieser Geruch, wenn er nicht von den Dämpfen des Metalles herrührt?

Im Jahre 1825 ward Faraday gemeinschaftlich mit Sir John Herschel und Herrn Dollond Mitglied eines Comités, welches von der Royal Society eingesetzt war, um die Fabrikation des Glases für optische Zwecke zu untersuchen und wo möglich zu verbessern. Die hierauf bezüglichen Versuche dauerten bis 1829 und ihre Ergebnisse bildeten den Gegenstand eines „Baker-Vortrages". Diese Vorlesungen waren eine im Jahre 1774 von Henry Baker in London gemachte Stiftung, worin eine jährliche Summe von vier Pfund Sterling für eine Vorlesung ausgesetzt worden war, welche alle Jahre vor der Royal Society gehalten werden sollte. Diese Baker-Vorlesung ist längst aus einer Geldsache zu einer Ehrensache geworden, indem nur wichtige Abhandlungen für dieselbe von dem Vorstande der Gesellschaft zum Vortrag gewählt werden. Faraday's erster Baker'scher Vortrag „über die Fabrikation von optischen Gläsern" wurde gegen Ende des Jahres 1829 gehalten. Es ist eine sehr gewissenhaft und sorgfältig ausgearbeitete Beschreibung der Vorgänge, Vorsichtsmaassregeln und der Resultate.

Faraday war dabei so genau ins Einzelne gegangen, und die Abhandlung war in Folge dessen so lang geworden, dass drei aufeinander folgende Sitzungen der Royal Society durch ihre Lesung in Anspruch genommen wurden*).

---

*) 19. November, 3. und 10. December.

Jenes Glas hatte in der Praxis keine besondere Bedeutung erlangt, wurde jedoch späterhin die Grundlage zweier von Faraday's grössten Entdeckungen*).

Die hier erwähnten Versuche wurden in der „Falcon-Glashütte" auf dem Grundstück von H. Green und Pellot ausgeführt, allein Faraday konnte sich denselben in dieser Entfernung nicht gehörig widmen. Es wurde deshalb im Jahre 1827 ein Ofen im Hofe der Royal Institution errichtet, und Faraday nahm damals den königl. Artilleriesergeanten Anderson in seine Dienste, jenen treuen, achtungswerthen und durchaus zuverlässigen Mann, dessen Erscheinung noch so frisch in unserm Gedächtnisse lebt. Anderson blieb fast vierzig Jahre hindurch der ehrerbietige Gehülfe Faraday's und der treue Diener dieser Anstalt**).

Im Jahre 1831 veröffentlichte Faraday eine Abhandlung über „eine besondere Art von optischen Täuschungen", welchen meines Wissens das schöne optische Spielzeug, das Chromatrop, seinen Ursprung verdankt. In demselben Jahre schrieb er eine Abhandlung über

---

*) Ich mache hier folgenden Auszug aus einem Brief, welchen Sir John Herschel am 3. November 1866 an mich schrieb:

„Ich benutze diese Gelegenheit, um hier anzudeuten, dass ich den Vorschlag borsaures Blei zu optischen Gläsern zu verwenden, zuerst gemacht zu haben glaube. Es war ungefähr im Jahre 1822, als ich denselben bei Sir James South vorbrachte, und in Folge dessen wurde der Versuch in seinem Laboratorium in Blackman Street angestellt und eine grosse Quantität borsaures Blei niedergeschlagen, verarbeitet, in einer verdeckten Porcellanschale geschmolzen. Man erhielt ein sehr durchsichtiges, etwas gelbliches Glas, dessen Brechungsindex 1,866! war (was Sie in meiner Tabelle der Brechungsindexe in dem Artikel „Licht" der Encyclopaedia Metropolitana verzeichnet finden werden). Das Glas war jedoch zu weich, um zu optischen Zwecken als Objectivglas benutzt zu werden. Faraday überwand diesen Nachtheil, wenigstens grösstentheils, durch Hinzufügung von Kieselerde."

**) In Bezug auf Anderson schreibt Faraday im Jahre 1845:

„Ich kann der hier gebotenen Gelegenheit nicht widerstehen, Herrn Anderson's zu erwähnen, welcher als Gehülfe während meiner Versuche

„schwingende Platten", worin er ein akustisches Problem löste, das sehr einfach schien, nachdem es gelöst war, das jedoch manchen Forscher beschäftigt zu haben scheint. Das Räthsel bestand in der Thatsache, dass leichte Körper, wie der Samen des Lycopodium, sich auf den vibrirenden Stellen einer tönenden Platte sammelten, während Sand sich auf den Knotenlinien anhäufte. Faraday zeigte, dass die leichten Körper in die kleinen Wirbelwinde, welche sich in der Luft über den schwingenden Stellen bilden, hineingezogen werden, während die Bewegung des schwereren Sandes von denselben nicht beeinflusst wird. Faraday war wunderbar erfinderisch als Experimentator, und sein Entzücken beim Experimentiren war so gross, dass er zuweilen beinahe in ein Uebermaass in dieser Beziehung verfiel. So sagte er selbst, diese Abhandlung über schwingende Platten sei mit Versuchen überladen.

---

über Glasbereitung eintrat, und seitdem in dem Laboratorium der Anstalt verblieben ist. Er stand mir bei allen Versuchen, welche ich seit jener Zeit machte, bei und ich bin ihm für seine Sorgfalt, Ruhe, Pünktlichkeit und Gewissenhaftigkeit, womit er alles ihm Anvertraute ausführte, zu dem grössten Danke verpflichtet."

Zusatz des Herausgebers. Dieser Mr. Anderson war ein sehr achtbarer aber auch sehr origineller Charakter; er sagte wohl gelegentlich von sich, dass er in den Vorlesungen die Versuche und Faraday die Redensarten dazu mache („I do the experiments and Faraday does the talking"), und Faraday behandelte in seiner liebenswürdigen und heiteren Weise den alten Mann auch immer so, als sei dies wirklich ihre gegenseitige Stellung.

Entdeckung der Magnet-Elektricität, Erklärung
von Arago's Rotationsmagnetismus. Magnet-
elektrische Induction durch Erdmagnetismus.
Der Extracurrent.

---

Die bis jetzt erwähnten Arbeiten würden genügen,
einen nicht unbedeutenden wissenschaftlichen Ruf zu
gründen; sie waren jedoch nur das Vorspiel zu Faraday's
wirklicher Thätigkeit. Er war nun seit achtzehn Jahren
in diesem Gebäude thätig, hatte einen Theil der Zeit
dazu angewendet, bei Davy neue Kenntnisse zu sammeln
und die übrige Zeit war er unablässig bemüht gewesen
seine Fähigkeit zur selbstständigen Forschung auszu-
bilden.*)

Im Jahre 1831 finden wir ihn auf der Höhe seiner
geistigen Grösse; vierzig Jahre alt, voll von Kenntnissen
und schöpferischer Kraft. Durch Studium, Vorträge und
Experimentiren hatte er sich das ganze Feld der Elektricität zu eigen gemacht. Er übersah, wo dasselbe noch
dunkel war, und an welchen Punkten eine Erweiterung

---

*) Er pflegte zu sagen: „Es bedürfe zwanzig Jahre Arbeit, ehe man
in physikalischen Dingen zum Manne heranreife, bis dahin befinde man
sich im Zustande der Kindheit."

unserer Kenntnisse möglich schien. Die Erscheinungen
der gewöhnlichen elektrischen Induction gehörten bei ihm
gewissermaassen zum Alphabete seiner Kenntnisse; er
wusste, dass in gewöhnlichen Verhältnissen die Gegenwart eines elektrisirten Körpers hinreicht, um durch Induction einen unelektrisirten Körper zu elektrisiren. Er
wusste ferner, dass der Draht, welcher einen elektrischen
Strom leitet, ein elektrisirter Körper ist, und dass trotzdem alle Versuche, mittels desselben in anderen Drähten
einen ähnlichen Zustand zu erregen, misslungen waren.

Woher kam dieses Misslingen? Faraday war nie
im Stande aus den Versuchen Anderer, sie mochten noch
so klar beschrieben sein, sich ein Resultat zu ziehen. Er
wusste wohl, dass von jedem Versuch gewissermaassen
eine Strahlung ausgeht, die für verschiedene Geister in
verschiedener Helligkeit leuchtet und er getraute sich
niemals, Schlussfolgerungen aus einem Experimente zu
ziehen, das er nicht selbst gesehen hatte. Im Herbste
des Jahres 1831 begann er die auf die elektrischen Ströme
bezüglichen Versuche, welche bis daher zu keinem Resultate geführt hatten, zu wiederholen. Hier müssen wir
im Hinblicke auf jüngere Forscher, sowie um unser
Aller willen, auf eine Fähigkeit aufmerksam machen,
welche Faraday in ganz ungewöhnlichem Grade besass.
Sein Geist vereinigte grosse Kraft mit Biegsamkeit. Er
drängte vorwärts gleich einem Strome, welcher bei aller
Wucht und dem Streben, die kürzeste Linie einzuhalten,
dennoch die Fähigkeit besitzt, den Krümmungen seines
Bettes nachzugeben. Trotzdem er mit gespannter Aufmerksamkeit nach einer Richtung hinblickte, so schien
dadurch seine Beobachtungsgabe nach anderen Seiten hin
nicht geschmälert, und wenn er ein Thema in Erwartung
auf gewisse Resultate in Angriff nahm, so vermochte er

2*

seinen Geist frei zu erhalten, sodass ihm auch andere
als die erwarteten Ergebnisse wegen dieser Voreingenom-
menheit nicht entgingen. Er begann seine Versuche
über die Induction elektrischer Ströme, indem er ein Gewinde von zwei übersponnenen und deshalb von einander
isolirten Drähten bildete. Sie wurden neben einander
um dieselbe hölzerne Rolle gewunden. Den einen derselben verband er mit einer Batterie von zehn Elementen,
den andern mit einem empfindlichen Galvanometer.
Nach hergestellter Verbindung mit der Batterie und
während der Dauer des Stromes war keinerlei Wirkung
auf das Galvanometer ersichtlich. Faraday begnügte
sich jedoch niemals mit dem Resultate eines Versuches,
ehe er nicht alle ihm zu Gebote stehenden Mittel angewendet hatte.

Er verstärkte seine Batterie von 10 auf 120 Elemente,
jedoch ohne Erfolg. Der Strom floss ruhig durch den
Draht der Batterie, ohne während seines Durchgangs eine
bemerkenswerthe Wirkung auf das Galvanometer auszuüben. „Während seines Durchgangs," wiederhole ich,
denn dies war der Zeitpunkt, während dessen die Wirkung
erwartet wurde; — allein hier kam nun Faraday's Um-
sicht, oder seine Fähigkeit, vom Ziele der Erwartung
gleichsam seitwärts zu blicken, ins Spiel. Er bemerkte,
dass jedesmal, wenn er die Verbindung mit der Batterie
herstellte, eine schwache Bewegung der Nadel sichtbar
wurde, und dass dieselbe alsdann zu ihrer frühern Stellung zurückkehrte und in derselben verblieb, ohne von
dem constant fliessenden Strome weiter beeinflusst
zu werden; im Moment jedoch, wo der Strom unterbrochen
wurde, bewegte sich die Nadel von Neuem, und zwar in
einer Richtung, welcher der im Anfang bei Herstellung
des Stromes beobachteten entgegengesetzt war.

Dieses und andere Resultate führten Faraday zu fol-
gendem Schlusse: „dass der durch die Batterie in dem einen
Draht erzeugte Strom in Wahrheit einen ähnlichen Strom
im andern Draht erzeugt; dass derselbe jedoch nur einen
Augenblick andauert, und seiner Natur nach eher einer
elektrischen Welle aus einer Leydener Flasche, als dem
elektrischen Strome aus einer Volta'schen Batterie gleichkommt."

Die so erzeugten momentanen Strömungen wurden
inducirte Ströme genannt, während der Strom, welcher
sie erzeugte, den Namen des inducirenden Stromes erhielt. Es stellte sich sofort heraus, dass der Strom, welcher
bei Schliessung des inducirenden erzeugt war, in seiner
Richtung immer dem letzteren entgegengesetzt war, während der durch die Unterbrechung des inducirenden
Stromes erzeugte stets mit der Richtung desselben übereinstimmte. Es schien, als ob der Strom bei seinem ersten
Anlaufe durch den ersten Draht sich einen Wiederhalt
im zweiten suche und durch eine Art von Ruck in diesem
eine elektrische Welle zurückdränge, welche aufhörte,
sobald der ursprüngliche Strom gleichmässig hergestellt
war.

Faraday war eine Zeitlang der Ansicht, dass der
zweite Draht, obwohl anscheinend ruhig, nachdem der
Strom des ersten vollständig hergestellt war, sich doch
nicht in seinem natürlichen Zustande befinde, indem seine
Rückkehr zu diesem Zustande durch den Strom, der bei
der Unterbrechung eintritt, angezeigt wurde. Er nannte
diesen hypothetischen Zustand des Drahtes den elektro-
tonischen Zustand; später ging er von dieser Ansicht ab,
scheint jedoch in seinen letzten Lebensjahren zu derselben
zurückgekehrt zu sein. Der Name „elektro-tonisch" wurde
vom Professor du Bois Reymond beibehalten, um einen

gewissen Zustand der Nerven zu bezeichnen, und Professor Maxwell hat diese Ansicht sehr geschickt durch-
geführt, und erläutert im zehnten Bande der Verhandlungen der Phil. Gesellschaft von Cambridge.

Faraday entdeckte ferner, dass die blosse Annäherung eines Drahtes, der zu einer geschlossenen Curve gebogen ist, an einen andern Draht, durch welchen ein voltai-
scher Strom floss, genügte, um in dem neutralen Drahte
einen inducirten Strom hervorzubringen, dessen Richtung
der des inducirenden Stromes entgegengesetzt war; dass das
Entfernen desselben abermals einen Strom erzeugte, dessen
Richtung der des inducirenden gleich war, dass diese
Ströme nur während der Annäherung oder Entfernung
bestanden, und dass kein Strom ohne diese Bewegung erzeugt wurde, die Drähte mochten einander noch so nahe
gekommen sein.

Man hat Faraday einen ausschliesslich inductiven
Forscher genannt. Ich fürchte, wenn Sie mir erlauben
wollen, dies zu sagen, dass in unserm guten England eine
grosse Menge von Unsinn geschwatzt wird über inductives
und deductives Verfahren. Viele erklären sich für Induction, Andere für Deduction, während der Beruf eines
Forschers wie Faraday in Wahrheit in einer steten Vereinigung beider Methoden besteht. Er war damals ganz
von Ampères Theorie erfüllt, und es unterliegt wohl
keinem Zweifel, dass er Hunderte seiner Versuche einzig
in der Absicht ausführte, um die aus dieser Theorie
entspringenden Deductionen zu prüfen. Von der Entdeckung Oersted's ausgehend, war es dem oben genannten berühmten französischen Naturforscher gelungen,
zu beweisen, dass alle bis dahin bekannten Erscheinungen
des Magnetismus auf die gegenseitige Anziehungs- und
Abstossungskraft von elektrischen Strömen zurückzu-

führen seien. Man hatte Magnetismus durch Elektricität
hervorgerufen, und Faraday, welcher sein ganzes Leben
hindurch einen festen Glauben an solche gegenseitige
Beziehungen hegte, versuchte nun die Entwicklung von
Elektricität aus Magnetismus. Er wand zwei getrennte
Stücke übersponnenen Drahtes um einen zusammenge-
schweissten eisernen Ring, und zwar in der Weise, dass
die beiden Drahtspiralen die zwei entgegengesetzten
Hälften des Ringes überdeckten. Indem er die Enden
von einer der Spiralen mit dem Galvanometer verband, und dann einen Strom durch die andere Spirale
fliessen liess, fand er, dass in dem Augenblicke, wo
der Ring durch letzteren Strom magnetisirt wurde, die
Galvanometernadel vier bis fünf Mal herum wirbelte.
Die Wirkung war, wie in den früheren Fällen, nur ein
einzelner Anstoss, der sogleich wieder verschwand. Beim
Unterbrechen der Stromleitung trat eine Umdrehung
der Nadel in der entgegengesetzten Richtung ein. Diese
Erscheinungen traten nur im Zeitpunkt der Magnetisirung
oder Entmagnetisirung ein. Die Inductionsströme zeigten
nur eine Veränderung des Zustandes an, und ver-
schwanden sofort, nachdem die Magnetisirung oder Entmagnetisirung vollständig zu Stande gekommen war.

Faraday erzielte dieselben Wirkungen mit geraden
Eisenstangen, wie mit dem geschweissten eisernen Ringe.
Ob diese Stäbe nun durch elektrische Ströme magnetisirt,
oder durch die Berührung mit permanenten stählernen
Magneten erregt wurden, die Inductionsströme wurden
stets während der Entstehung und des Verschwindens
von Magnetismus erzeugt. Der Gebrauch des Eisens
wurde hierauf aufgegeben, und dieselben Wirkungen hervorgerufen, wenn er nur einen permanenten Stahlmagneten in ein Drahtgewinde steckte. Eine elektrische

Welle, durch das Gewinde hinfliessend, begleitete die Einführung des Magneten, eine eben solche Welle in entgegengesetzter Richtung dessen Entfernung. Die Genauigkeit, mit der Faraday diese Resultate beschreibt, und
die Vollständigkeit, mit welcher er die Grenzen seiner
Thatsachen angiebt, sind bewunderungswürdig. Zum Beispiel darf der Magnet nicht ganz, sondern nur halb durch
das Drahtgewinde hindurchgeführt werden; denn wird er
ganz hindurchgeführt, so bleibt die Nadel, wie durch
einen Schlag gehemmt, plötzlich stehen, und alsbald
zeigt Faraday, wie dieser Schlag durch eine Umkehrung
der elektrischen Welle innerhalb der Spirale entsteht.
Er arbeitete hierauf mit dem mächtigen permanenten
Magneten der Royal Society, und erzielte dieselben vorher beschriebenen Erscheinungen, nur in erhöhtem Grade
mittels desselben.

Und nun liess er das Licht dieser Entdeckungen auf
das räthselhafteste physikalische Phänomen jener Zeit
scheinen.

Arago hatte im Jahre 1824 entdeckt, dass eine
Scheibe von nicht magnetischem Metalle auf eine darüber
hängende schwingende Magnetnadel einen eigenthümlichen
Einfluss hatte, wodurch diese schnell zur Ruhe kam, dass
aber, wenn man die Scheibe rotiren liess, die Magnetnadel
mit zu rotiren begann. In ruhigem Zustande war auch
nicht die leiseste, merkliche Anziehung oder Abstossung
zwischen der Nadel und der Scheibe zu entdecken, und
dennoch war die in Bewegung befindliche Scheibe im
Stande, nicht nur eine leichte Nadel, sondern sogar einen
schweren Magneten nach sich zu ziehen. Dieser Gegenstand war sowohl von Arago als auch von Ampère mit
bewunderungswürdiger Geschicklichkeit geprüft und untersucht worden. Poisson hatte eine theoretische Abhandlung

darüber veröffentlicht, dennoch konnte keine hinrei-
chende Ursache nachgewiesen werden. Auch in England
hatten sich zwei bedeutende Männer, Babbage und
Sir John Herschel, damit beschäftigt, allein die Sache
blieb noch immer ein Räthsel. Faraday pflegte immer
und immer wieder zu empfehlen, dass man in zweifelhaf-
ten Fällen mit dem Urtheile zurückhalte. So auch bei
dieser Gelegenheit und bei diesem Versuch. „Ich habe
stets die Klugheit und die philosophische Zurückhaltung be-
wundert", sagt er, „welche Arago an den Tag legte, als er
der Versuchung widerstand, eine Theorie zu den von ihm
gefundenen Thatsachen zu geben, so lange er keine solche
finden konnte, die auf alle Fälle gepasst hätte, und indem er
den unvollkommenen Theorien Anderer widerstand." Jetzt
aber war die Zeit der Theorie gekommen! Faraday sah im
Geiste die drehende Scheibe unter der Einwirkung des
Magneten, durchfluthet von seinen inducirten Strömen,
und hoffte aus den ihm nun bekannten Gesetzen der
Wechselwirkung zwischen Strömen und Magneten die
von Arago beobachteten Bewegungen herleiten zu können.
Diese Hoffnung erfüllte sich in der That. Durch einen
Versuch zeigte er thatsächlich, dass während der Rotation
seiner Scheibe Ströme durch sie flossen, deren Ort und
Richtung von der Art waren, dass sie den bekannten Ge-
setzen der elektromagnetischen Wirkungen gemäss die
beobachtete Rotation hervorbringen mussten.

Indem er die Kante seiner Scheibe zwischen die Pole
des grossen, hufeisenförmigen Magneten der Royal Society einführte, und sowohl die Axe als den Rand vermittelst eines Drahtes mit einem Galvanometer verband,
erhielt er bei Drehung der Scheibe einen constanten
elektrischen Strom. Die Richtung des Stromes wurde
durch die Richtung der Bewegung bestimmt; wurde die

Drehung umgekehrt, so setzte auch der Strom nach der
entgegengesetzten Richtung um. Faraday stellte nun
das Gesetz fest, welches die Erzeugung der Ströme sowohl
in der Scheibe als in den Drähten regelt, und hierbei
benutzte er zum erstenmal eine Ausdrucksweise, welche
seitdem berühmt geworden ist. Sie wissen, dass wenn
man Eisenfeilspäne auf einen Magneten streut, sich die
einzelnen Eisentheilchen in gewissen bestimmten Linien
gruppiren, welche man magnetische Curven nennt. Im
Jahre 1831 nennt Faraday diese Curven zum ersten
Male „magnetische Kraftlinien", und zeigt, dass weder die
Annäherung noch die Entfernung von einer Quelle einem
Mittelpunkt oder Pol magnetischer Kraft für die Erzeugung inducirter Strömungen wesentlich erforderlich
sei, sondern dass es bloss darauf ankomme, die magnetischen Kraftlinien auf geeignete Weise zu durchschneiden.
Faraday's erste Abhandlung über magnet-elektrische
Induction, deren Inhalt ich hier kurz zusammenzufassen
gesucht habe, wurde der Royal Society am 24. November 1831 vorgetragen. Am 12. Januar 1832 theilte
er der Royal Society eine zweite Abhandlung über „elektrische Induction durch Erdmagnetismus" mit, welche für
die Baker'sche Vorlesung jenes Jahres gewählt wurde.
Er brachte einen eisernen Stab in eine Drahtrolle, und
indem er den Stab in der Richtung der Inclinationsnadel
emporhob, wurde eine Strömung innerhalb des Drahtes
erzeugt. Bei Umdrehung des Stabes entstand eine Strömung nach der entgegengesetzten Richtung innerhalb
der Drahtrolle. Dieselbe Wirkung entstand, als er das
Gewinde in dieselbe Richtung brachte und einen eisernen
Stab in dasselbe hineinsteckte. Hier jedoch fand eine
Einwirkung der Erde auf den Draht nur vermittelst des
Eisenstabes statt. Er that den Stab bei Seite und liess

einfach seine Kupferplatte in einer Horizontalebene rotiren;
er wusste, dass die magnetischen Kraftlinien der Erde
seine Scheibe in einem Winkel von 70° durchschnitten;
während die Scheibe schnell umlief, wurden die magnetischen Kraftlinien von ihr geschnitten und Ströme inducirt,
welche ihre eigenthümliche Wirkung äusserten, als sie von
der Scheibe auf das Galvanometer hinübergeleitet wurden.

„Befand sich die Scheibe in dem magnetischen Meri-
dian, oder in irgend einer andern mit der magnetischen
Inclination zusammentreffenden Ebene, so übte ihre
Drehung keine Wirkung auf das Galvanometer aus." Auf
Veranlassung eines unserer erfindungsreichsten Geister,
von tiefsinnig und wahrhaft philosophischem Charakter,
nämlich von Sir John Herschel, hatte Barlow in
Woolwich Versuche mit einer drehenden eisernen Hohl-
kugel angestellt. Auch Christie hatte in ausführlicher
Weise mit einer drehenden eisernen Scheibe experimentirt.
Beide hatten gefunden, dass die Körper während der
Drehung eine eigenthümliche Wirkung auf die Magnetnadel ausübten, und sie in einer Weise ablenkten, wie
das in ruhigem Zustande nicht vorkam; aber keiner von
Beiden hatte damals das Agens, welches diese ausser-
ordentliche Ablenkung erzeugte, entdeckt. Sie schrieben
es einer Veränderung im Magnetismus der eisernen
Scheibe und Hohlkugel zu. Allein Faraday sah sofort,
dass seine Inclinationsströme hier ins Spiel kamen, und
er wies sie unmittelbar in der eisernen Scheibe nach. Er
nahm hierauf eine hohle Messingkugel, und brachte damit
die von Barlow beobachtete Wirkung hervor. Eisen war
in keiner Weise nöthig; die einzige Bedingung des Ge-
lingens bestand darin, dass der drehende Körper aus einer
Substanz bestehe, deren Beschaffenheit die Bildung von
Strömen zuliess. Er musste mit einem Wort ein elek-

trischer Leiter sein; je besser das Leitungsvermögen, desto
kräftiger waren die Ströme. Faraday ging nun von
seiner kleinen Messingkugel zu der Erdkugel über; er
spielte wie ein Zauberer mit dem Magnetismus der Erde.
Er erblickte die unsichtbaren Linien, längs welcher ihre
magnetische Kraft gerichtet ist, und indem er seinen
Zauberstab quer über diese Linien hin schwingt, erweckt
er diese neue Naturkraft. Er macht eine einfache Schleife
von Draht, stellt sie senkrecht und hängt eine Magnetnadel darin auf. Der Nordpol der Nadel wendet sich nach
Osten, wenn Faraday das obere Ende des Drahtes
nach Westen beugt; wendet er dagegen den Ring nach
Osten, so geht der Nordpol nach Westen. Hierauf wurde
ein anderer sehr merkwürdiger Versuch ausgeführt. Er
hing einen gewöhnlichen Magnetstab senkrecht auf, und
liess ihn sich um seine eigene Axe drehen. Der Pol desselben wurde mit dem einen Ende, der Aequator mit
dem anderen Ende des Galvanometerdrahtes verbunden,
und sofort strömt Elektricität durch das Galvanometer von
dem rotirenden Magneten aus. Er macht auf die „eigenthümliche Unabhängigkeit" des Magnetismus von dem
Körper, welcher dessen Träger ist, aufmerksam; der Stahl
verhält sich, als wäre er von seinem eigenen Magnetismus
isolirt.

Dann erweitern sich Faraday's Gesichtspunkte
plötzlich, und er fragt sich, ob die Erde nicht Inductionsströme erzeuge bei ihrer Drehung von Westen nach Osten.
Bei seinem Versuche mit dem drehenden Magneten blieb
der Galvanometerdraht an seiner Stelle; ein Theil der
Leitung war in relativer Bewegung in Verhältniss zu einem andern Theile. Allein im Fall der
drehenden Erde musste der Draht des Galvanometers
nothwendiger Weise mit der Erde fortgeführt werden;

hier konnte keine relative Bewegung stattfinden. Was
folgte nun hieraus? Nehmen wir den Fall eines Tele-
graphendrahtes, dessen beide Endplatten in die Erde
gesteckt wären, und dessen Draht in dem magnetischen
Meridian liege. Das Erdreich unterhalb des Drahtes
wird, wie dieser selbst, durch die Bewegung der Erde beeinflusst; falls eine Strömung von Süden nach Norden
in dem Drahte erzeugt wird, müsste eine ähnliche Strömung von Süd nach Nord innerhalb der Erde unter dem
Drahte entstehen; diese Strömungen würden gegen dieselbe Endplatte anprallen, und sich auf diese Weise gegenseitig neutralisiren. Dieser Schluss scheint unvermeidlich; allein Faraday's tiefem Blick entging seine
mögliche Fehlerhaftigkeit nicht. Er sah wenigstens eine
Möglichkeit, dass der Unterschied des Leitungsvermögens
zwischen der Erde und dem Drahte dem einen oder dem
andern ein Uebergewicht verschaffen könnte, und dass
auf diese Weise eine Differentialströmung entstehen
könnte. Er verband Drähte aus verschiedenem Material,
so dass sie einander entgegenwirken mussten, fand jedoch
diese Combination ohne Erfolg. Dem ergiebigen Strome
des guten Leiters hielt der Widerstand des schlechten
Leiters genau das Gleichgewicht. Obwohl seine Versuche
so deutlich sprachen, wollte Faraday sich dennoch von
allem geistigen Unbehagen befreien, dadurch dass er mit der
Erde selbst operirte. Er ging an den Teich bei Kensington
Palace, zog einen 480 Fuss langen Kupferdraht von Süden
nach Norden über das Wasser, in der Weise, dass an beide
Enden des Drahtes gelöthete Metallplatten in das Wasser
tauchten. Der Kupferdraht wurde in der Mitte getrennt,
und die Enden mit einem Galvanometer verbunden. Es
trat keine Wirkung ein; aber obgleich ruhiges Wasser
keine solche ergab, konnte es fliessendes Wasser vielleicht

thun. Faraday begab sich deshalb an die Londonbrücke, und stellte dort bei Ebbe und Fluth drei Tage lang seine Versuche an, jedoch ohne einen befriedigenden Erfolg. Dennoch sagt er: „Theoretisch scheint es eine nothwendige Consequenz, dass sich elektrische Strömungen da bilden müssen, wo Wasser fliesst. Wenn man sich eine Linie durch die See von Dover nach Calais gehend, und in der Erde unterhalb des Wassers nach Dover zurückkehrend denkt, so umfasst diese Linie einen Kreis leitender Masse, von welcher ein Theil die magnetischen Curven der Erde durchschneidet, so lange das Wasser den Canal auf- oder abwärts strömt, während der andere Theil der Masse in relativer Ruhe bleibt. Man hat allen Grund, anzunehmen, dass Ströme in der Hauptrichtung des beschriebenen Stromkreises stattfinden müssen, entweder in der einen oder andern Richtung, je nachdem das Wasser im Canal auf- oder abwärts strömt."

Dieses wurde geschrieben, ehe man an den unterseeischen Telegraphen auch nur dachte, und Faraday sagte mir einmal, dass die factischen Beobachtungen, welche an diesem Kabel gemacht wurden, wirklich im Einklange mit dieser seiner theoretischen Schlussfolgerung ständen.

Drei Jahre nach der Veröffentlichung*) dieser Unter-

---

*) Ich verdanke einem Freunde folgende Anekdote: Einige Zeit nachdem Faraday's erste Untersuchungen über Magnetelektricität erschienen waren, besuchte er die British Association zu Oxford im Jahre 1832. Bei dieser Gelegenheit wurde er von einigen der anwesenden Autoritäten veranlasst, den berühmten Versuch, einen Funken aus einem Magneten hervorzurufen, zu wiederholen, zu welchem Zweck der grosse Magnet im Ashmolean Museum verwendet wurde. Er willigte ein, und eine grosse Gesellschaft versammelte sich, um dem Experimente beizuwohnen, das vollkommen gelang, wie ich nicht zu sagen brauche. Währenddem er dasselbe wiederholte, trat ein Würdenträger der Universität in das Zimmer, und frug Professor Daniel, der neben Faraday stand, was hier vorgehe? Der Professor erklärte ihm so populär wie möglich dieses frappante Re-

suchungen, d. h. am 29. Januar 1835, las Faraday eine Abhandlung über „die inducirende Wirkung eines elektrischen Stromes auf sich selbst" vor der Royal Society.

Ein eigenthümlicher Schlag und Funken war durch einen jungen Mann Namens William Jenkin beobachtet worden, der eine bedeutende wissenschaftliche Begabung an den Tag legte, jedoch, wie Faraday mir einst sagte, von seinem eigenen Vater abgehalten wurde, sich mit der Wissenschaft zu befassen. Die Untersuchung der durch Jenkin beobachteten Thatsache führte Faraday zur Entdeckung des „Extracurrent", oder derjenigen Strömung, welche in dem inducirenden Drahte selbst inducirt wird, in den Augenblicken, wo die Leitung hergestellt oder unterbrochen wird; Erscheinungen, welche er in der schönen und ausführlichen, oben erwähnten Abhandlung beschrieb und erläuterte.

Siebenunddreissig Jahre sind seit der Entdeckung der Magnetelektricität verstrichen; allein wenn wir den „Extracurrent" ausnehmen, so ist bis in die jüngste Zeit beinahe nichts Neues von Bedeutung zu dem Gegenstande hinzugekommen. Faraday war der Ansicht, dass der Entdecker eines wichtigen Gesetzes oder Princips ein Anrecht auf die „Nachlese" habe (diesen Ausdruck

---

sultat von Faraday's Entdeckung. Der Dechant hörte aufmerksam zu, und sah ernsthaft nach dem glänzenden Funken, einen Augenblick nachher nahm er jedoch eine würdige Miene an, und schüttelte das Haupt: „Das bedauere ich sehr," sagte er, indem er wegging. Inmitten des Zimmers stand er still und wiederholte: „Das bedaure ich sehr," — und dann gegen die Thür schreitend und die Thürklinke in der Hand haltend, drehte er sich um, und wiederholte: „In der That, dies bedaure ich sehr, es giebt den Brandstiftern neue Waffen in die Hand." Dies geschah bald nachdem alle Zeitungen mit Berichten über grosse Brandstiftungen angefüllt waren. Ein irrthümlicher Bericht von dieser Aeusserung des Dechanten erschien damals in einer Oxforder Zeitung. Dort wird behauptet, er habe gesagt: „Dies giebt den Ungläubigen neue Waffen in die Hand."

gebrauchte er), welche sich bei den einzelnen Beispielen seiner Anwendung ergiebt.

An der Hand des von ihm entdeckten Princips überflog sein wunderbarer Geist, unterstützt von seinen wunderbaren zehn Fingern, in einem einzigen Herbste dieses weite Bereich, und hinterliess seinen Nachfolgern kaum das Titelchen einer Thatsache als Ernte.

Hier könnte nun in manchem Kopfe die Frage entstehen: „Wozu nützt dieses Alles?" Die Antwort hierauf ist, dass, wenn der Geist eines Menschen nach Wissen dürstet, so ist das Wissen nützlich, weil es diesen Durst befriedigt. Wenn Sie praktische Endzwecke verlangen, so müssen Sie den Begriff des Praktischen zu erweitern suchen, so dass es ebensowohl Alles, was den Geist erleuchtet und erhebt, als was zum körperlichen Gedeihen und Wohlsein beiträgt, in sich begreife. Jedoch, falls es nöthig wäre, könnte man noch eine andere Antwort auf die Frage „Cui Bono?" geben. So weit Elektricität zu medicinischen Zwecken bis jetzt angewendet wurde, war es fast ausschliesslich Faraday's Elektricität.

Sie haben jene Drahtlinien, welche die Strassen Londons kreuzen, gesehen. Es sind Faraday's Strömungen, welche durch diese Drähte von Ort zu Ort eilen. In der Nähe der Landspitze von Dungeness bemerkt der Seefahrer ein ungewöhnlich helles Licht, und von den schönen Leuchtthürmen von La Hève strahlt dasselbe Licht über die See. Dies sind Faraday'sche Funken, welche durch passende Apparate zu einem sonnenähnlichen Glanze gesteigert werden. In diesem Augenblicke ist die Beleuchtung von zahlreichen Küstenpunkten durch magnetelektrisches Licht Seitens des Handelsministeriums, der Brüderschaft von Trinity House sowie der Commission für die nördlichen Leuchtthürme in Aussicht genommen, und

künftige Geschlechter werden auf diese Leitsterne hin-
weisen, wenn jemals nach dem praktischen Nutzen von
Faraday's Arbeiten gefragt werden sollte. Aber ich
möchte noch einmal sagen, dass seine Werke keiner
solcher Rechtfertigung bedürfen, und dass er seine Entdeckungen nimmer gemacht haben würde, falls er seinen
Geist durch Hinblick auf praktischen Nutzen beunruhigt
hätte. Er schreibt im Jahre 1831: „Es schien mir wünschenswerther, neue Thatsachen und neue Beziehungen,
welche von der magnet-elektrischen Induction abhängig
sind, ausfindig zu machen, als die Wirkung der bereits
bekannten zu verstärken, in der sicheren Ueberzeugung,
dass letztere ihre volle Entwicklung späterhin finden
würden."

Im Jahre 1867 drückte sich Faraday bei Gelegenheit
einer Privatvorlesung über das Element Chlor in Bezug
auf die Frage „Cui bono", folgendermaassen aus: „Ehe
ich diesen Gegenstand verlasse, will ich Ihnen die
Geschichte dieser Substanz geben, als Antwort für diejenigen, welche bei jeder neu entdeckten Thatsache zu
fragen pflegen: „Wozu nützt das?" Dr. Franklin sagte
zu dergleichen Leuten: „Wozu nützt ein kleines Kind?"
Die Antwort des Experimentators lautet: „Bemüht Euch,
es nützlich zu machen!" Als Scheele diese Substanz
entdeckte, schien dieselbe keinerlei Nutzen zu haben; sie
befand sich im Zustande der Kindheit und Nutzlosigkeit,
aber nun sie zur Manneskraft herangereift ist, sehen Sie,
welche Macht sie erlangt hat, und welche Anstrengungen
gemacht werden, daraus Nutzen zu ziehen." —

# Charakterzüge.

---

Ein Charakterzug, der sehr bezeichnend für Faraday ist, tritt uns nun entgegen. Er berichtete über seine Entdeckung der Magnet - Elektricität seinem Freunde, Mr. Hachette in Paris, in einem Briefe, welchen dieser der Academie des Sciences mittheilte. Der Brief wurde übersetzt und veröffentlicht, und sofort bemächtigten sich zwei bedeutende italienische Naturforscher des Gegenstandes, machten zahlreiche Versuche darüber, und veröffentlichten ihre Resultate, ehe noch Faraday's Abhandlung dem Publicum vollständig vorgelegt worden war. Dies ärgerte ihn offenbar. Er druckte die Schrift der gelehrten Italiener in dem „Philosophical Magazine" ab, begleitet von etlichen sehr scharf kritischen Notizen, die von ihm herrührten. Auch schrieb er am 1. December 1832 einen Brief an Gay Lussac, damals einer der Herausgeber der „Annales de Chemie", worin er die Resultate der italienischen Gelehrten analysirte, ihre Irrthümer darlegte, und sich selbst gegen Angriffe auf seinen Charakter — denn als solche fasste er die Sache auf — vertheidigte. Der Stil dieses Briefes ist unanfechtbar, denn Faraday konnte nur als Gentleman schreiben; allein der Brief zeigt, dass er auch hätte hart sein können falls er dies gewollt.

Wir haben viel von Faraday's Sanftmuth, Milde und
Weichheit gehört; das ist ganz richtig, aber es ist nicht
Alles. Eine mächtige Natur besitzt auch andere Elemente
als die genannten; und Faraday's Charakter wäre viel
weniger bewundernswürdig gewesen, als er es in der That
war, hätte er nicht Kräfte und Bestrebungen in sich vereinigt, auf welche die glatten Eigenschaftswörter „sanft"
und „weich" sich durchaus nicht anwenden lassen. Unter
dieser Sanftmuth und Milde glühte ein Vulcan. Er war
eine feurige und erregbare Natur; mittels grosser Selbst-
überwindung hatte er aus diesem Feuer den Brennpunkt
und die bewegende Kraft seines Lebens gemacht, anstatt
es in unnützer Leidenschaftlichkeit zu verschwenden.
„Wer langsam ist zum Zorne, ist grösser als der Mächtige",
sagt der Weise, „und wer seinen Geist zähmet, grösser
als wer Städte erobert." Faraday war nicht „langsam
zum Zorn", allein er bezähmte vollständig seinen Geist,
und auf diese Weise eroberte er sich, wenn auch keine
Städte, so doch alle Herzen.

Wie ich bereits erwähnte, hatte Faraday viele seiner
kleinen Abhandlungen, seine erste Analyse über caustischen Kalk mit einbegriffen, in dem „Quarterly Journal
of Science" veröffentlicht. Im Jahre 1832 sammelte er
jene Aufsätze in einen kleinen Band, machte dazu Ueber-
schriften und Verzeichniss, und schickte folgende Worte
voraus:

„Abhandlungen, Notizen etc. etc. in Octavo gedruckt bis
zum Jahre 1832.

Michael Faraday.

„Meine Aufsätze in Octavo gedruckt, theils im Quarterly Journal of Science, theils anderwärts, seit der Zeit,
wo Sir Henry Davy mich ermuthigte, die Analyse des
caustischen Kalkes zu schreiben."

„Einige derselben sind, meiner Meinung nach, gut
(wenigstens für ihre Zeit); andere mittelmässig, wieder
andere schlecht. Ich habe jedoch Alle in diesen Band
aufgenommen, weil sie mir Alle nützlich waren — und
die Schlechtesten gerade am meisten — dadurch, dass sie
mir später zeigten, welche Fehler ich zu beachten und zu
vermeiden hätte."

„Da ich niemals einen meiner Aufsätze, ein Jahr,
nachdem er geschrieben war, durchsehen konnte, ohne zu
finden, dass er sowohl in Bezug auf Form wie auf Inhalt
hätte viel besser gemacht werden können, so hoffe ich
noch immer, dass diese Sammlung mir von grossem Nutzen
sein werde.

  18. August 1832.

         Mich. Faraday."

„Und die Schlechten gerade am meisten", dies ist ein
Zug aus Faraday's innerster Natur; und indem ich diese
Worte lese, sehe ich mich beinahe genöthigt, Alles, was
ich über das Feuer und die Erregbarkeit seiner Natur
sagte, zu widerrufen. Aber erscheint er uns nicht um so
grösser, weil er im Stande war, diese Eigenschaften in dem
Grade zu bezähmen, dass es ihm möglich wurde, wie ein
harmloses Kind zu schreiben? Ich nahm mir einst die Freiheit, die Unterschrift eines seiner Briefe an den De-
can von St. Pauls zu tadeln. Dieselbe lautete: „In
Demuth der Ihrige", und ich opponirte gegen dieses
Beiwort. „Gut, Tyndall", sagte er, „ich bin aber de-
müthig, und doch wäre es ein grosser Irrthum, zu
denken, ich sei nicht auch zugleich stolz." Diese Doppel-
natur zeigte sich überall in seinem Charakter. Er war
ein Demokrat in seinem Misstrauen gegen jede Autorität,
welche seine Gedankenfreiheit zu beschränken suchte, und

dennoch war er stets bereit, sich in Ehrerbietung zu beugen
vor Allem, was der Ehrerbietung werth war, sei es in den
Sitten der Welt, oder im Charakter der Menschen. Ich
kann einen Brief, der sich auf diese Frage der Selbstbe-
herrschung bezieht, eben so gut an dieser Stelle als später
mittheilen, obwohl er lange Jahre nach der eben besprochenen Periode seines Lebens geschrieben ist. Ich war
im Jahr 1855 in Glasgow bei der Versammlung der British
Association zugegen gewesen und hatte der physikalischen
Section daselbst eines Tages eine Abhandlung vorgetragen,
welche eine heftige Discussion herbeiführte. Es nahmen
viele bedeutende Leute, unter Anderen der verstorbene
Dr. Whewell, daran Theil, und man wurde auf beiden
Seiten warm. Ich war durchaus nicht mit dieser Discussion zufrieden, und am wenigsten mit meinem eigenen
Antheile daran. Dieses Missvergnügen dauerte einige
Tage bei mir, während welcher ich an Faraday schrieb,
und ihm meine Unzufriedenheit, jedoch ohne nähere Einzelheiten, ausdrückte. Ich theile hier folgenden Auszug
aus seiner Antwort mit:

„Mein lieber Tyndall!

„Diese grossen Versammlungen, für welche ich im
Ganzen sehr eingenommen bin, fördern die Wissenschaft
hauptsächlich dadurch, dass sie die Träger derselben zu-
sammenbringen, und zu ihrem persönlich Bekannt- und
Befreundetwerden beitragen, und es thut mir leid, wenn
dies in ihrem Verlaufe gelegentlich auch einmal nicht der
Fall ist. Ich weiss Nichts, ausgenommen das, was Sie
mir mittheilten, denn ich habe die Berichte noch nicht angesehen; allein erlauben Sie mir als einem alten Manne,
der durch Erfahrung klug geworden sein sollte, Ihnen zu
sagen, dass ich, als ich jünger war, sehr oft die Absichten

der Leute missverstand, und nachher fand, dass sie das,
was ich voraussetzte, gar nicht gemeint hatten; ferner
fand ich, dass es im Allgemeinen besser ist, etwas langsam
in der Auffassung derjenigen Aeusserungen zu sein, welche
Sticheleien zu enthalten scheinen, hingegen alle diejenigen,
welche freundliche Gesinnungen verrathen, rasch zu erfassen. Die wirkliche Wahrheit kommt schliesslich immer
zu Tage, und man überzeugt einen Gegner, der im Irrthum
ist, eher durch eine nachgiebige als durch eine leiden-
schaftliche Antwort. Was ich sagen möchte ist, dass es
besser ist, gegen die Wirkungen der Parteilichkeit blind
zu sein, hingegen den guten Willen schnell anzuerkennen.
Man fühlt sich selbst glücklicher, wenn man das thut,
was zum Frieden führt. Sie können sich kaum vorstellen,
wie oft ich bei mir selbst ergrimmte, wenn ich mich,
meiner Meinung nach, ungerecht und oberflächlich ange-
griffen sah; und doch habe ich gesucht, und wie ich hoffe
ist es mir gelungen, niemals in demselben Ton zu antworten. Und ich weiss, dass ich nie dadurch verloren
habe. Ich würde Ihnen dies Alles nicht sagen, ständen
Sie als ein wahrer Forscher und Freund, nicht so hoch
in meiner Achtung*).

Treu der Ihrige

M. Faraday.

Sydenham, 6. Octbr. 1855.

---

*) Während der letzten Versammlung zu Dundee bekundete die Bri-
tish Association in schlagender Weise diese Eigenschaft, welche ihr Faraday
hier als Hauptaufgabe stellt. Ich fand brüderliche Freundschaft da, wo
ich glaubte nur Gegnerschaft erwarten zu können. Die Meinungsverschie-
denheiten unter wirklich ehrenhaften Männern sind nie unheilbar; Faraday
würde sich wohl am meisten über diese Thatsache gefreut haben, denn er
war unser Aller Freund.

(Dies bezieht sich auf einen Streit, den Prof. Tyndall mit Sir
William Thomson über die Verdienste von R. Mayer und Joule in
der mechanischen Wärmetheorie gehabt.　　　　Der Uebersetzer.)

## Identität der Elektricitäten. Erste Untersuchung über Elektrochemie.

───────────

Ich habe bereits den Ausdruck „Unbehagen" in Bezug auf Faraday's Geisteszustand während des Experimentirens gebraucht. Es war ihm unbehaglich, sich auf Thatsachen zu stützen, welche auch nur den leisesten Zweifel zuliessen. Er hasste das, was er „zweifelhaftes Wissen" nannte, und strebte beständig danach, es in unzweifelhaftes Wissen zu verwandeln, oder aber das Nichtwissen sicher und bestimmt zu constatiren. Anspruchsvoller Schein war ihm in jeder Form, sei es im Leben oder in der Wissenschaft, verhasst. Er wünschte thatsächliches Nichtwissen ebenso gut, wie thatsächliches Wissen bestimmt zu kennen. „Sei das Eine oder das Andere," schien er jeder unbewiesenen Hypothese zuzurufen, „entweder komme als feste Wahrheit zu Tage, oder aber verschwinde als eine unbewiesene Lüge." Nachdem er die grosse Entdeckung, welche ich zu beschreiben versucht habe, gemacht hatte, schienen ihm Zweifel über die Identität der Elektricitäten zu überkommen. „Ist es richtig," schien er sich zu fragen, „dieses von mir entdeckte Agens überhaupt Elektri-

cität zu nennen? Giebt es wirklich entscheidende Gründe
für die Annahme, dass die Elektricität der Maschine, der
Säule, des elektrischen Aales und Rochens, die Magnet-
elektricität und die Thermoelektricität nur verschiedene
Aeusserungen einer und derselben Kraft sind?" Um diese
Frage zu seiner eigenen Zufriedenheit zu beantworten,
nahm er eine kritische Sichtung des Standes der damaligen Kenntnisse vor. Er fügte eigene Versuche hinzu,
und entschied sich schliesslich zu Gunsten der Identität
der Elektricitäten. Seine hierauf bezügliche Abhandlung
wurde der Royal Society am 10. und 17. Januar 1833
vorgetragen.

Nachdem er zu seiner eigenen Befriedigung die Identität der Elektricitäten bewiesen hatte, versuchte er dieselben quantitativ zu vergleichen. Die Bezeichnungen
„Quantität und Intensität" welche Faraday beständig
gebraucht, bedürfen hier eines Wortes der Erklärung. Er
konnte einmal eine einzelne Leydener Flasche durch zwanzig
Umdrehungen seiner Maschine laden, ein andermal dagegen
eine Batterie von zehn Flaschen, durch dieselbe Zahl von
Umdrehungen. Die Quantität der entwickelten Elektricität wird in beiden Fällen merklich dieselbe sein, allein
die Intensität der einzelnen Flasche wird stärker sein, da
hier die Elektricität weniger vertheilt ist. Faraday
überzeugt sich zuerst davon, dass dieselbe Quantität von
Maschinenelektricität dieselbe Ablenkung an der Nadel
seines Galvanometers hervorbringt, gleichviel ob sie in
einer kleinen Batterie concentrirt, oder in einer grösseren
vertheilt war. Auf diese Weise brachte die durch dreissig
Umdrehungen seiner Maschine angehäufte Elektricität
unter sehr verschiedenen Anordnungen der Batterie-
oberfläche stets dieselbe Ablenkung hervor. Hieraus
schloss er, dass es möglich sei, verschiedene Elektrici-

täten in Bezug auf Quantität zu vergleichen, auch wenn
sie von sehr verschiedener Intensität sind.

Faraday's Absicht geht nun dahin, Reibungselektricität mit Volta'scher Elektricität zu vergleichen. Er
feuchtet Filtrirpapier mit Jodkalium an — eines seiner
Lieblingsreagentien —, und indem er es der Wirkung der
Elektrisirmaschine unterwirft, zersetzt er das Jod und
bringt da eine bräunliche Stelle hervor, wo das Jod frei
geworden ist. Hierauf taucht er zwei Drähte, den einen
von Zink den andern von Platina, beide $1/_{13}$ Zoll im Durchmesser, $5/_8$ Zoll tief in angesäuertes Wasser während der
Dauer von acht Schlägen seiner Uhr (jeden zu $3/_{20}$ einer Se-
cunde), und findet, dass die Nadel seines Galvanometers
denselben Bogen beschreibt und sein befeuchtetes Papier
in demselben Grade färbt, als dreissig Umdrehungen seiner
grossen Elektrisirmaschine. Achtundzwanzig Umdrehungen brachten eine ersichtlich geringere Wirkung hervor
als die beiden Drähte. Nun entzieht sich unter solchen
Umständen die Quantität des durch die Drähte zersetzten
Wassers der Beobachtung vollkommen; sie ist unmess-
bar klein, und dennoch verlangt dieser Betrag der Zersetzung eine Quantität von elektrischer Kraft, welche in
anderer Form angewendet hinreichen würde, eine Ratte
zu tödten, und der ein Mensch sich nicht gern aussetzen
möchte.

Faraday bemüht sich in seinen späteren Untersuchungen über „die absolute Quantität von Elektricität
welche mit den Theilchen oder Atomen der Materie verbunden ist", einen Begriff von dem Betrage elektrischer
Kraft zu geben, welche nöthig ist, um ein einziges Gran
Wasser zu zersetzen. Er scheut sich beinahe, die Quantität von Reibungselektricität zu nennen, welche nöthig
wäre, um diese Zersetzung zu bewirken, denn er schätzt

sie auf 800,000 Entladungen seiner grossen Leydener
Flasche. Falls diese in eine einzige Entladung zusam-
mengefasst würden, so käme ihre Wirkung der eines
sehr starken Blitzes gleich; während er berechnet, dass
chemische Einwirkung eines einzigen Granes Wasser
auf vier Gran Zink soviel Elektricität ergeben würde, als
zu einem grossen Gewitter nöthig wäre. So erhebt sich
sein Geist vom Kleinen zum Grossen, indem er unwillkürlich von der kleinsten Thatsache aus dem Laboratorium ausgehend, Ausblicke über die grössten und gross-
artigsten Naturerscheinungen gewinnt*).

In der Wirklichkeit war Faraday zu jener Zeit
jedoch nur beschäftigt, sich den Weg frei zu machen, und
dieses Geschäft nahm noch eine Zeit lang seine Mühe
stark in Anspruch. Er gräbt seinen Stollen, von sicherem
Instincte für das Erz geleitet, der ihm eine Wünschelruthe
war. „Er riecht die Wahrheit," sagte einst in meinem
Beisein der leider zu früh verstorbene Kohlrausch. —

Sein Blick war nun unausgesetzt auf den wunderbaren Volta'schen Strom gerichtet; er musste mehr über
die Art seiner Fortleitung zu erforschen suchen. Am
23. Mai 1833 las er eine Abhandlung über „ein neues
Gesetz der elektrischen Leitung" vor der Royal Society.
Er fand, dass der Strom wohl durch Wasser, aber nicht
durch Eis hindurchgehe; warum nicht, da beides ein und
dieselbe Substanz ist? Es vergingen etliche Jahre, ehe

---

*) Buff findet, dass die Quantität Elektricität, welche mit einem
Milligramm Wasserstoff im Wasser verbunden ist, gleich sei 45,480 La-
dungen einer Leydener Flasche, deren Höhe 480 Millimeter und deren
Durchmesser 160 Millimeter beträgt. Weber und Kohlrausch haben
berechnet, dass, wenn die Quantität Elektricität, die im Wasser mit einem
Milligramme Wasserstoff verbunden ist, in der Höhe von 1000 Meter
über dem Erdboden in einer Wolke verbreitet wäre, sie auf die gleiche
Quantität Elektricität an der Oberfläche der Erde eine Anziehungskraft
von 2,268,000 Kilogramm ausüben würde. (Elektrolytische Maassbestim-
mungen 1856, S. 262.)

er diese Frage bestimmt beantworten konnte, und dann
gab er die Antwort, indem er sagte: „Der flüssige Zustand gestatte dem Wassermolecül sich zu wenden und
sich in die richtige Polarisationslinie zu stellen, während die Steifheit des festen Zustandes diese Stellung unmöglich mache. Die polare Stellung muss der Zersetzung
vorausgehen und die Zersetzung begleitet stets die
Leitung." Er geht hierauf zu anderen Substanzen über;
zu Oxyden, Chlor, Jod, Schwefelverbindungen und Salzen,
und findet, dass sie sämmtlich im festen Zustande Isolatoren, im geschmolzenen dagegen Leiter sind. In allen
Fällen, mit einer einzigen Ausnahme (welche er auch für
eine möglicherweise nur scheinbare hält) findet er, dass
das Hindurchgehen des Stromes mit einer Zersetzung der
geschmolzenen Masse verbunden ist. Ist denn die Zersetzung zur Leitung innerhalb dieser Substanzen nothwendig? Sogar neuerdings ist diese Frage sehr lebhaft
verneint worden. Faraday wurde zuletzt sehr vorsichtig
in seinen Aeusserungen über diesen Gegenstand; allein
er hielt es für eine Thatsache, dass eine sehr geringe
Quantität von Elektricität durch eine zusammengesetzte
Flüssigkeit hindurchgehen könne, ohne dieselbe zu zersetzen. De la Rive, welcher ausgedehnte Arbeiten über
die chemischen Erscheinungen der Säule gemacht hat,
ist sehr entschieden entgegengesetzter Ansicht. Es ist
seiner Ansicht nach durch das Experiment ganz unzweifelhaft festgestellt, dass keine Spur von Elektricität durch
eine flüssige Masse hindurchgehen kann, ohne eine äqui-
valente Zersetzung zu erzeugen*).

Faraday war nun ganz in das Studium der chemischen Erscheinungen der Säule hineingerathen und ver-

---

*) Faraday, sa vie et ses oeuvres p. 20.

wickelt und hier war ihm seine frühere Erziehung
unter Davy von grossem Nutzen. „Warum," so fragt
er, „muss Zersetzung eintreten? Welche Kraft ist es,
die die zusammengeschlossenen Elemente dieser Verbindungen auseinanderreisst?" Am 20. Juni 1833 trägt
er der Royal Society eine Abhandlung über „elektrochemische Zersetzung" vor, worin er diese Frage
zu beantworten sucht. Man war der Meinung gewesen,
dass die sogenannten Pole der Zersetzungszelle, oder in-
anderen Worten diejenigen Flächen, an welchen der Strom
in die Flüssigkeit ein- und austritt, eine elektrische Anziehungskraft auf die Bestandtheile der Flüssigkeit ausübten und dieselben auseinanderrissen. Faraday bekämpft diese Ansicht sehr nachdrücklich. Lackmus ver-
räth, wie Sie wissen, die Anwesenheit einer Säure dadurch,
dass es roth wird, Curcuma durch Braunwerden diejenige
eines Alkalis. Schwefelsaures Natron ist, wie Sie wissen,
ein aus dem Alkali, Natron und Schwefelsäure zusammen-
gesetztes Salz; wenn ein Volta'scher Strom durch eine
Lösung dieses Salzes hindurchgeht, so zersetzt er es, indem er an einem Pole der Zersetzungszelle die Säure, an
dem anderen das Alkali frei macht.

Faraday tauchte ein Stück Lackmuspapier und ein
Stück Curcumapapier in eine Lösung von schwefelsaurem
Natron; und indem er ein jedes auf eine eigene Glasplatte
legte, verband er beide Papiere vermittelst einer Schnur,
welche mit derselben Lösung getränkt worden war. Hierauf verband er das eine Papier mit dem positiven Conductor seiner Elektrisirmaschine, das andere mit den
Gasröhren dieses Hauses. Letztere nannte er seine
„entladende Leitung". Beim Drehen der Maschine ging
die Elektricität von Papier zu Papier durch die Schnur,
deren Länge ohne Aenderung der Wirkung entweder

einige Zoll oder 70 Fuss betragen konnte. Das erste
Papier röthete sich, und zeigte das Freiwerden der Säure
an; das zweite wurde braun, und zeigte dadurch das Freiwerden des Alkalis an. Das aufgelöste Salz war demnach
bei dieser Anordnung durch die Maschine genau in derselben Weise zersetzt, wie es durch den Volta'schen Strom
geschehen sein würde. Wenn Faraday anstatt des positiven den negativen Conductor anwendete, so waren die
Stellungen der Säure und des Alkalis umgekehrt. Auf
diese Weise überzeugte er sich, dass die durch die Maschine erzeugte Zersetzung denselben Gesetzen gehorcht,
wie die Zersetzungen, welche die Säule hervorbringt.

Und nun beseitigt er allmälig die sogenannten
Pole, die durch ihre Anziehungskraft die elektrische Zersetzung angeblich hervorbringen sollten. Er verbindet
ein Stück Curcumapapier, das mit schwefelsaurem Natron
angefeuchtet worden war, mit dem positiven Conductor
seiner Maschine; hierauf bringt er eine metallene Spitze
in Verbindung mit seinem Entladungsapparat, welche
nach dem befeuchteten Papier hin gerichtet ist, so dass
die Elektricität sich durch die Luft gegen die metallene
Spitze entladen soll. Die Umdrehungen der Maschine
bewirkten, dass die Ecken des Curcumapapiers, die der
Spitze gegenüberlagen, sich bräunten, und auf diese Weise
das Freiwerden des Alkalis anzeigten. Er ersetzt das
Curcumapapier durch Lackmuspapier, und bringt es nicht
mit seinem Conductor, sondern mit seiner entladenden
Leitung in Verbindung, in der Weise, dass eine metallene
Spitze, welche mit den Gasröhren verbunden ist, auf
einige Zoll Entfernung von dem Papier angebracht ist.
Beim Umdrehen der Maschine wurde die Säure an den
Ecken und Kanten des Lackmuspapiers frei. Er schaltete
dann in den Weg des von der Maschine erzeugten Stromes

eine Reihe von zugespitzten Papieren ein, von denen ein
jedes aus zwei Hälften zusammengesetzt war, deren eine
Lackmus-, die andere Curcumapapier war, und die insge-
sammt mit schwefelsaurem Natron angefeuchtet waren. Die
Papiere waren durch Luftzwischenräume von einander getrennt. Die Maschine wurde gedreht, und es fand sich,
dass an der Spitze, wo die Elektricität in das Papier ein-
drang, das Lackmuspapier geröthet wurde, an der Stelle,
wo sie austrat, das Curcumapapier sich bräunte. „Hier,"
sagt er, „sind keinerlei Pole angewendet worden, und
dennoch haben wir elektrochemische Zersetzung." Es
war ihm offenbar, dass die getrennten Körper nicht durch
die Pole angezogen, sondern durch den Strom herausgeworfen werden. Er erzielte ähnliche Wirkungen mit Was-
serpolen wie mit Luftpolen. Der Fortschritt, welchen
Faraday's Begriffe hierbei machten, ist durch das Wort
„herausgeworfen" bezeichnet. Er wiederholt später diese
Ansicht: Die ausgeschiedenen Substanzen werden von
dem sich zersetzenden Körper fortgetrieben — und nicht
durch eine Anziehungskraft aus demselben hinweggezogen.

Nachdem er die Theorie der Anziehung von den Polen
her aufgegeben hatte, ging er daran, eine eigene Theorie
zu entwickeln und auszusprechen. Er weist auf Davy's
berühmte Baker-Vorlesung vom Jahre 1806 zurück, welche,
wie er sagt, „fast ausschliesslich mit Betrachtungen über
die elektrochemische Zersetzung sich beschäftigt." Faraday findet die darin enthaltenen Thatsachen von höchster Wichtigkeit. Allein „die Art und Weise, wie die Wirkungen stattfinden, ist darin nur sehr allgemein ange-
geben — so allgemein sogar, dass wahrscheinlich ein
Dutzend bestimmtere Hypothesen über elektrochemische
Wirkungen gegeben werden könnten, welche ganz wesentlich von einander verschieden sein möchten, und dennoch

alle mit der darin enthaltenen Darstellung übereinstimmen würden."

Mir scheint, man könnte diese Worte auch mit Recht auf Faraday's eigene damalige Untersuchungen anwenden. Sie geben uns Resultate von dauerndem Werthe; man kann jedoch kaum sagen, dass die dort gegebene Theorie die Thatsachen erklärt. Es wäre vielleicht noch richtiger, zu sagen, dass man dieser Theorie wohl kaum eine für den Geist greifbarere Form geben kann. Faraday sieht gleichsam bis in das Herz des sich zersetzenden Körpers hinein; er sieht und sieht richtig in seinem Inneren die Kräfte, welche die Zersetzung herbeiführen, und er verwirft ebenso richtig die Theorie einer äusseren Anziehungskraft; allein über die Begriffe der Zersetzung und Wiedervereinigung hinaus, welche von Grothuss und Davy gegeben worden sind, führt uns, meiner Meinung nach, auch Faraday zu keiner bestimmteren Vorstellung, wie die Kraft die zersetzte Masse erreicht und darin thätig ist. Auch kann dies nicht geschehen, ehe wir nicht den wahren physikalischen Hergang, welcher dem elektrischen Strome zu Grunde liegt, genau kennen.

Faraday stellt sich diesen Strom als „eine Axe der Thätigkeit" vor, „welche nach entgegengesetzten Richtungen hin entgegengesetzte Kräfte von genau gleicher Stärke entwickelt;" aber diese Definition, soviel sie auch besprochen und citirt wurde, lehrt uns Nichts über den elektrischen Strom. Eine „Axe" kann hier nur eine Richtung bedeuten, und was wir uns vorstellen möchten, ist nicht die Axe, längs welcher die Kraft wirkt, sondern die Natur und Wirkungsweise der Kraft selbst. Er tadelt die Unbestimmtheit von De la Rive, in der That aber leidet er sowohl wie De la Rive unter derselben Schwierigkeit. Keiner von Beiden wünscht sich durch die An-

nahme zu compromittiren, dass der Strom aus zwei
Elektricitäten besteht, welche in entgegengesetzter Richtung fliessen; allein die Zeit war und ist noch nicht gekommen, um diese vorläufige Fiction durch den Begriff
des wahren mechanischen Vorganges zu ersetzen. Aber
wenn auch die theoretischen Vorstellungen von Faraday
zu jener Zeit sehr unbestimmt sein mochten, so wurde er
doch durch die Thatsachen, welche sich rings um ihn
zeigten, langsam aber sicher zu Resultaten von unermess-
licher Wichtigkeit in Bezug auf die Theorie der Volta'schen
Säule geführt.

Er arbeitete immer auf einen wichtigen Gegenstand
in seinen Untersuchungen hin, allein während der Ver-
folgung desselben gerieth er oft auf Thatsachen von neben-
sächlichem Interesse, auf welche er näher einging und
dadurch zuweilen von der geraden Richtung abwich. So
finden wir, dass er die Reihe seiner Untersuchungen über
elektrochemische Zersetzung unterbricht durch eine Untersuchung über „die Fähigkeit der Metalle und anderer
fester Körper, die Verbindung gasförmiger Körper herbei-
zuführen." Diese Untersuchung, welche von der Royal
Society am 30. November 1833 angenommen wurde, zeigte
Faraday's ganze Grösse als Experimentator, trotzdem
dass sie nicht so wichtig ist, als etliche, die ihr vorausgehen und nachfolgen. Die Fähigkeit von Platin-
schwamm, die Verbindung von Sauerstoff und Wasserstoff hervorzurufen, war im Jahre 1823 von Döbereiner
entdeckt und zur Construction seines bekannten Platin-
feuerzeuges benutzt worden. Später zeigten Dulong und
Thénard, dass sogar ein Platindraht, sobald er vollkommen gereinigt ist, durch seine Wirkung auf einen
Strahl von kaltem Wasserstoff bis zur Glühhitze erwärmt
werden kann.

Bei seinen Versuchen über die Zersetzung des Wassers fand Faraday, dass die positive Platinplatte der Zersetzungszelle in einem aussergewöhnlichen Grade die Eigenschaft, Sauerstoff und Wasserstoff zu verbinden, annimmt. Er schrieb die Ursache davon der vollkommenen Reinheit der positiven Platte zu. An ihrer Fläche war Sauerstoff frei geworden, der mit der eigenthümlichen Verwandtschaftskraft, wie sie der Status nascens zu zeigen pflegt, alle Unreinigkeiten an der Fläche, an der er sich entwickelt, beseitigt. Die Gasbläschen, welche an der einen Platinfläche einer Zersetzungszelle frei werden, sind immer viel kleiner und steigen in viel rascherer Folge als bei der andern. Da ich wusste, dass Sauerstoff sechzehn mal schwerer ist als Wasserstoff, so habe ich mehr als einmal den Schluss gezogen, und, wie ich fürchte, auch Andere zu diesem Irrthum verleitet, dass die kleineren und schneller emporsteigenden Bläschen von dem leichtern Gase herrühren müssen. Die Sache schien so augenscheinlich, dass ich mir nicht die Mühe gab nach der Batterie zu sehen, wo ich augenblicklich die Beschaffenheit des Gases hätte erkennen können. Allein Faraday begnügte sich niemals mit einer Schlussfolgerung, wenn es möglich war ihre thatsächliche Richtigkeit zu prüfen. Und er hat mich belehrt, dass die Wirklichkeit gerade das Gegentheil von dem war was ich geglaubt hatte. Die kleinen Bläschen waren Sauerstoff, und ihre Kleinheit rührt von der vollkommenen Reinheit der Oberfläche her, an welcher sie frei werden. Der Wasserstoff am andern Drahte dehnt sich in grossen Blasen aus, welche viel langsamer emporsteigen; allein wenn der elektrische Strom umgedreht wird, entwickelt sich der Wasserstoff an dem gereinigten Drahte, und dann werden auch seine Blasen klein.

# Gesetze der elektrochemischen Zersetzung.

———————

In unseren Begriffen und Schlussfolgerungen, welche
sich auf die Naturkräfte beziehen, machen wir beständig
von Symbolen Gebrauch, welchen wir den Namen Theorie
verleihen, wenn sie eine deutliche Anschauung geben.
Durch gewisse Analogien bestimmt, schreiben wir die
elektrischen Erscheinungen der Wirkung eines eigenthümlichen Fluidums zu, welches bald fortströmt, bald sich
ruhig verhält. Solche Vorstellungen besitzen ihre Vortheile und ihre Nachtheile; sie gewähren dem Geiste eine
Zeit lang ein friedliches Unterkommen, allein sie um-
grenzen auch seinen Gesichtskreis und mit der Zeit, wenn
der Geist zu gross für seine Wohnung geworden ist, wird
es ihm oft schwer die Wände niederzureissen, welche
ihm zum Gefängniss anstatt zur Heimath geworden sind. *)
    Niemand fühlte diese Tyrannei der Symbole stärker

———————

*) Ich schreibe diese Worte aus dem gedruckten Berichte von einem
meiner Freitagsvorträge ab, weil sie mich an Faraday's Stimme erinnern,
die bei dieser Aeusserung mit einem ausdrucksvollen „Hört! hört!" vernehm-
bar wurde.
    Proceedings of the Royal Institution, vol. II, p. 132.

als Faraday, und Niemand war so eifrig sich davon frei
zu halten und irre leitende Benennungen zu vermeiden.
Mit Hülfe von Dr. Whewell suchte er alle Benennungen,
welche durch vorgefasste Meinungen gefälscht worden
waren, durch andere zu ersetzen. Er eröffnete seine
Abhandlung über „Elektrochemische Zersetzung“, welche
am 9. Januar 1834 der Royal Society vorgelegt wurde, mit
dem Vorschlage eine neue Terminologie einzuführen. Er
hätte gern den Ausdruck Strömung vermieden, wenn es
möglich gewesen wäre *).

Er giebt die Bezeichnung „Pole“ für die Enden einer
Zersetzungszelle auf, weil sie den Begriff von Anziehungskraft mit sich führt, und ersetzt sie durch die ganz neu-
trale Benennung „Elektroden“. Elektrolyt nennt
er jede Substanz, welche durch den elektrischen Ström
zersetzt werden kann; und die Zersetzung selbst nennt er
Elektrolysis. Alle diese Benennungen sind in der Wissenschaft geläufig geworden. Ferner nennt er die positive Elektrode die Anode und die negative die Cathode;
allein diese Bezeichnungen haben nicht die Verbreitung
wie die vorigen erlangt, wenn sie auch öfters gebraucht werden. Die Bezeichnungen „Anion“ und
„Cation“, welche er auf die Bestandtheile des zersetzten
Elektrolyts anwandte, und der Ausdruck „Jon“, welcher
sowohl Anionen als Cationen in sich begreift, werden noch
seltener gebraucht.

Faraday ging nun von der Terminologie zur Untersuchung über; er erkannte die Nothwendigkeit der quan-

---

*) 1838 sagt er: Das Wort Strömung ist im gewöhnlichen Leben so
bedeutungsvoll, dass es fast unmöglich ist, es in Bezug auf elektrische
Vorgänge von seiner gewöhnlichen Bedeutung abzulösen, oder uns nicht
zu falschen Vorstellungen dadurch verleiten zu lassen.
    Exp. Resear. vol. I, p. 5115, §. 1617.

titativen Bestimmungen und suchte ein Maass für die
Volta'sche Elektricität zu finden. Dieses findet er in der
Quantität des vom Strome zersetzten Wassers. Er prüft
dieses Maass nach allen Richtungen hin, um sich zu überzeugen, dass kein Irrthum aus dessen Gebrauch entstehen
kann. Er bringt in den Weg eines und desselben Stromes
eine Reihe von Zellen mit Elektroden von verschiedener
Grösse, einige derselben aus Platinaplatten, andere nur
aus Platinadraht, und sammelt das Gas, welches an jedem
Paar Elektroden frei wurde. Er findet bei Allen dieselbe
Quantität Gas. Daraus folgert er, dass die elektrochemische Wirkung unabhängig von der Grösse der Elektroden ist, wenn dieselbe Quantität von Elektricität durch
eine Reihenfolge von Zellen voll angesäuerten Wassers
geleitet wird.

Er beweist hierauf, dass Veränderungen der Intensität des Stromes von keinem Einfluss auf die Gleichmäs-
sigkeit der Wirkung sind. Ob seine Batterie mit starker
oder schwacher Säure geladen ist, ob dieselbe aus fünf
oder aus fünfzig Paaren besteht, es findet sich in Allen
dieselbe Quantität von Zersetzungsproducten, wenn derselbe Strom durch die Reihe der Zellen geleitet wird.
Hierauf überzeugt er sich, dass die Schwäche oder Stärke
seiner verdünnten Säure diesem Gesetze nicht entgegen
wirkt. Indem er dieselbe Strömung durch eine Reihe von
Zellen leitete, welche Mischungen von Schwefelsäure und
Wasser in verschiedener Stärke enthielten, fand er, dass,
wie verschieden auch das Verhältniss zwischen Säure und
Wasser sein mochte, doch stets dieselbe Menge von Gas
in den Zellen sich angesammelt hatte. Eine Menge von
Thatsachen ähnlicher Art drängten Faraday zu dem
Schlusse, dass der Betrag der elektrochemischen Zersetzung nicht von der Grösse der Elektroden, nicht von

der Intensität der Strömung und nicht von der Stärke
der Lösung, sondern einzig von der Quantität von Elektricität, welche durch die Zellen geleitet wird, abhängt.
Er schliesst daraus, die Quantität der Elektricität sei
proportional dem Betrage der chemischen Wirkung. Auf
dieses Gesetz gründete Faraday die Construction seines
berühmten Voltameters, oder Messers von Volta'scher
Elektricität.

Allein ehe er dieses Maass anzuwenden vermochte,
musste er noch zahlreiche Quellen des Irrthums beseitigen. Die Zersetzung von gesäuertem Wasser ist gewiss eine directe Wirkung der elektrischen Strömung;
allein die zahlreichen und wichtigen Untersuchungen von
Becquerel, De la Rive und Anderen haben das Vorhandensein von indirecten Wirkungen gezeigt, welche die einfache Wirkung der Strömung wesentlich zu beeinflussen
und zu compliciren vermögen. Diese Wirkungen können auf zwei verschiedene Weisen zu Stande kommen:
Entweder das freigewordene Jon erfasst die Elektrode,
an der es frei geworden ist, um mit deren Substanz eine
chemische Verbindung zu schliessen, oder aber es kann
die Substanz des Elektrolyten selbst erfassen und so neue
chemische Processe in dem Kreise zu Stande bringen,
ausser und neben denen, welche dem Strome angehören.
Faraday unterwarf diese indirecten Wirkungen einer
erschöpfenden Untersuchung. Durch seine Versuche belehrt und in den Stand gesetzt, zwischen directen und indirecten Resultaten zu unterscheiden, schreitet er nun
dazu, die Lehre von dem bestimmten Verhältnisse
der elektrochemischen Zersetzung festzustellen.

In denselben Kreis brachte er sein Voltameter,
welches aus einer graduirten und mit gesäuertem Wasser
angefüllten Röhre bestand und mit Platinaplatten zur

Zersetzung des Wassers versehen war, und ausserdem
eine Zelle, welche mit Zinnchlorid gefüllt war. Früher be-
sprochene Versuche hatten ihn belehrt, dass diese Substanz, trotzdem sie in festem Zustand als Isolator wirkt,
in flüssigem ein guter Leiter ist, indem ein durchgelei-
teter Strom stets von der Zersetzung des Chlorides begleitet ist. Er wünschte nun die Beziehung zwischen
dieser Zersetzung und der des Wassers in seinem Voltameter zu ermitteln. Seinen Kreis schliessend liess er die
Strömung andauern bis „eine genügende Menge Gas" in
dem Voltameter sich gesammelt hatte. Der Kreis wurde
nun unterbrochen und die Quantität des frei gewordenen
Zinnes mit der Quantität des Gases verglichen. Das Gewicht des erstern war 3,2 Gran, das des letztern
0,49742 Gran. Sauerstoff vereinigt sich, wie Sie wissen,
mit Wasserstoff in dem Verhältniss von 8 zu 1, um Wasser
zu bilden. Wenn man das Aequivalent oder, wie man
zuweilen sagt, das Atomgewicht des Wasserstoffs 1 nennt,
so ist das des Sauerstoffs 8; das des Wassers ist demnach
8 + 1 oder 9. Drückt man nun in dem Faraday'schen
Versuche die Quantität des zersetzten Wassers durch die
Zahl 9, oder in anderen Worten durch das Aequivalent
des Wassers, aus, so stellt sich die Quantität des aus dem
geschmolzenen Chlorid frei gewordenen Zinnes durch
eine leichte Berechnung auf 57,9 heraus, welche Zahl
beinahe genau die des Aequivalents vom Zinn ist. Somit
waren sowohl das Wasser als das Chlorid im Verhältniss
ihrer respectiven Aequivalente zersetzt worden. Die
Menge von elektrischer Kraft, welche die Bestandtheile
der Wassermolecüle auseinanderriss, genügte gerade genau, um auch die Bestandtheile der Molecüle vom Zinnchlorid auseinander zu reissen. Diese Thatsache ist
maassgebend. Mit den Anzeigen seines Voltameters

verglich Faraday die Zersetzung anderer Substanzen,
sowohl einzeln als in ganzen Reihenfolgen. Er unterwarf
seine Ergebnisse zahllosen Proben. Er führte absichtlich
indirecte Wirkungen ein und suchte nach Umständen,
welche die Erfüllung der Gesetze stören konnten, deren
Feststellung doch das eifrigste Streben seines Geistes war.
Allein aus allen diesen Schwierigkeiten erhob sich die
goldene Wahrheit, dass bei aller Verschiedenheit der Umstände die Zersetzungen des Volta'schen Stromes so ge-
nauem Maass unterworfen seien, als jene chemischen Verbindungen, welche der Atomtheorie das Dasein gaben.
Dieses Gesetz der elektrochemischen Zersetzung ist
von derselben Wichtigkeit wie das der äquivalenten
Gewichtsverhältnisse in der Chemie.

# Ursprung der Kraft in der Volta'schen Säule.

Auf einem der öffentlichen Plätze der Stadt Como
steht eine Statue, deren Sockel nur die einfache Inschrift
„Volta" trägt. Der Träger dieses Namens nimmt eine
ewig denkwürdige Stelle in der Geschichte der Wissenschaft ein. Ihm verdanken wir die Entdeckung der Volta'-
schen Säule, welcher wir jetzt auf einen Augenblick
unsere Aufmerksamkeit schenken müssen.

Wo die leidenschaftslosen Gesetze und Erscheinungen
der äussern Natur der wissenschaftlichen Forschung
zum Gegenstande dienen, da sollte man denken, ihre Erforschung und Besprechung liege ausserhalb des Berei-
ches der Gefühle, und könnte nur bei dem kalten trocknen
Lichte des Verstandes untersucht werden. Das ist jedoch
nicht immer der Fall. Der Mensch trägt das Herz auch
in die Arbeit hinein. Man kann Moral und Gefühl nicht
von dem Verstande trennen, und so kommt es, dass die Be-
streitung einer wissenschaftlichen Ansicht bis zur leiden-
schaftlichen Erregung einer Schlacht sich zu steigern vermag. Der Kampf zwischen der Emissions- und Undulations-
theorie in der Optik nahm diesen heftigen Charakter an;
und kaum weniger heftig wüthete viele Jahre lang der

Streit über den Ursprung und die Erhaltung der Kraft
in der Volta'schen Säule. Volta selbst glaubte denselben
in dem Contacte verschiedener Metalle zu finden. Hier
sollte seine „elektromotorische Kraft" ihren Sitz haben,
welche die vereinigten Elektricitäten trennen und sie
als verschiedene Strömungen nach entgegengesetzten
Richtungen treiben sollte. Um den Kreislauf der Strömung möglich zu machen, erschien es nothwendig, die Metalle durch einen feuchten Leiter zu verbinden; denn, wenn
zwei Metalle durch ein drittes verbunden werden, so
sollte ihre gegenseitige Beziehung eine solche sein, dass
dadurch eine vollständige Neutralisation der elektrischen
Bewegung bedingt wäre. Volta's Theorie des Contactes
der Metalle war so klar und schön, und anscheinend so
vollständig, dass die ersten Geister Europas sie als den
Ausdruck eines Naturgesetzes annahmen. Volta selbst
wusste nichts von den chemischen Erscheinungen der Säule.
Sobald dieselben bekannt wurden, tauchten jedoch Vermuthungen und Andeutungen auf, dahin gehend, dass die
wirkliche Quelle der Volta'schen Elektricität in der
chemischen Wirkung, nicht aber im Contacte der Metalle
zu suchen sei.

Dieser Gedanke wurde in Italien von Fabroni, in
England von Wollaston ausgesprochen. Er wurde
durch die ausgezeichneten Elektriker Becquerel in Paris
und De la Rive in Genf noch weiter ausgedehnt und
festgestellt. Die Contacttheorie erhielt auf der andern
Seite ihre hauptsächlichste Ausdehnung in Deutschland.
Lange Zeit hindurch war sie das wissenschaftliche Glau-
bensbekenntniss der grossen Chemiker und Naturforscher
daselbst, und heutigen Tages noch mögen Manche unter
ihnen nicht im Stande sein, sich von dem berückenden
Einflusse dieser ihrer ersten Liebe frei zu machen.

Nach den Untersuchungen, welche ich mich bestrebt habe Ihnen darzulegen, war es für Faraday unmöglich nicht Partei zu ergreifen in diesem Streite. Er that dies mit der Schrift: „Ueber die Elektricität der Volta'schen Säule", welche von der Royal Society am 7. April 1834 angenommen wurde. Seine Stellung in diesem Streite war voraus zu sehen. Er sah, dass chemische und elektrische Wirkungen hierbei Hand in Hand gingen, und zwar proportional zu einander, und bewies in der eben erwähnten Abhandlung, dass wenn man die ersteren hinwegschaffe, man nach den letzteren vergeblich suche. Er erzeugte einen elektrischen Strom ohne metallischen Contact, und entdeckte Flüssigkeiten, welche zwar im Stande waren die schwächste Strömung weiter zu leiten, also auch die Contactelektricität durchzulassen, wenn diese überhaupt einen Strom zu erregen vermochte, jedoch vollständig machtlos waren, so lange sie nicht zersetzt wurden.

Bei dieser Untersuchung beging Faraday als Experimentator einen seiner seltenen Irrthümer. Er glaubte vermittelst einer einzigen Volta'schen Zelle den Funken erzielt zu haben, noch ehe die Metalle sich berührten; später entdeckte er jedoch seinen Irrthum. Damit der Volta'sche Funke durch die Luft gehen konnte, noch ehe die Enden der Batterie vereinigt waren, war es nöthig die elektromotorische Kraft der Batterie durch Vermehrung der Zellen zu verstärken; allein alle Elemente, welche Faraday besass, waren nicht im Stande mit dem Funken den kleinsten messbaren Luftzwischenraum zu durchbrechen. Der fragliche Punkt konnte auch in der That nicht durch die Wirkung der Batterie, deren verschiedene Metalle schon in gegenseitiger Berührung waren, entschieden werden. Und dennoch war es in Bezug

auf die fragliche Identität der Elektricitäten aus verschiedenen Quellen damals von grosser Wichtigkeit festzustellen, ob der Volta'sche Strom in Gestalt von Funken vor
der Berührung über einen Zwischenraum wegspringen
könne. Faraday's Freund Gassiot löste diese Aufgabe.
Er errichtete eine Batterie von 4000 Elementen, vermittelst welcher er einen Funkenstrom über einen messbaren Luftzwischenraum von der einen Endplatte zu
der andern schlagen liess.

Die 1834 veröffentlichte Abhandlung über „die Elektricität der Volta'schen Säule" scheint wenig Eindruck
auf die Anhänger der Contacttheorie hervorgebracht zu
haben. In der That waren Letztere auch Männer von zu
grosser geistiger Einsicht und Bedeutung, als dass sie
eine Theorie nur so leichthin angenommen oder verworfen
hätten. Faraday wiederholte hierauf den Angriff in
einer Abhandlung, welche er der Royal Society am
6. Februar 1840 übergab. Hierin ging er seinen Gegnern
mit einer Menge von Versuchen zu Leibe. Er häufte
Schwierigkeiten über Schwierigkeiten auf die Contacttheorie zusammen, bis diese, in dem Bestreben seinen An-
griffen zu entgehen, ihren Charakter gänzlich veränderte,
und schliesslich etwas ganz anderes als die ursprünglich
von Volta vorgebrachte Theorie wurde. Je grösser die
Ausdauer jedoch war, womit diese Theorie vertheidigt
wurde, desto entschiedener zeigte es sich, dass sie eine
Verkettung von Ausflüchten war, welche vielmehr den
Stempel dialektischer Geschicklichkeit als den einer Na-
turwahrheit an sich trugen.

Zum Schlusse brachte Faraday ein Argument dagegen, welches den streitigen Punkt sofort entschieden
haben würde, wenn dessen Gewicht und Tragweite damals
richtig verstanden worden wäre. „Die Contacttheorie,"

sagt er, „nimmt an, dass eine Kraft, welche im Stande ist,
einen mächtigen Widerstand zu überwinden, wie z. B. den
der guten und schlechten Leiter, durch welche der Strom
hindurchgeht, und ferner den der elektrolytischen Wirkung,
wobei Körper zersetzt werden, — dass eine solche Kraft
aus Nichts entstehen könne; ferner, dass ohne irgend
einen Wechsel in der wirkenden Substanz und ohne den
Verbrauch von irgend einer Triebkraft ein Strom gebildet
werde, welcher fortwährend gegen einen constanten Widerstand andauere, oder nur wie in den Volta'schen Zer-
setzungszellen .durch die Trümmer gehemmt werden
könne, welche er auf seinem eigenen Lauf aufgehäuft hat.
Es wäre dies in der That eine Erschaffung einer
Triebkraft aus Nichts, und verschieden von jeder
andern Naturkraft.  Es giebt mancherlei Vorgänge, wobei
die Erscheinungsform der Kraft sich dermaassen verändern
kann, dass eine scheinbare Umwandlung von einer Kraft
in die andere stattfindet.  Auf diese Weise können wir
chemische Kräfte in einen elektrischen Strom, oder diesen
in chemische Kraft verwandeln.  Die schönen Versuche
von Seebeck und Peltier zeigen den gegenseitigen
Uebergang von Wärme und Elektricität, und andere von
Oersted und mir angestellte Experimente zeigen die
gegenseitige Verwandlungsfähigkeit von Elektricität und
Magnetismus.  Allein in keinem Falle, nicht einmal bei dem elektrischen Aale und Rochen findet
eine Erschaffung oder Erzeugung von Kraft statt
ohne einen entsprechenden Verbrauch von etwas
Anderm.

Diese Worte wurden mehr als zwei Jahre früher veröffentlicht, ehe Mayer's kurze aber berühmte Abhandlung
über die Kräfte der unorganischen Natur erschien, und ehe
Joule seine ersten berühmten Versuche über den mecha-

nischen Werth der Wärme veröffentlichte. Sie erläutern
die Thatsache, dass grosse wissenschaftliche Principien,
noch ehe sie ihren vollen Ausdruck durch den Einzelnen
erhalten, meist mehr oder weniger klar in dem allgemeinen
wissenschaftlichen Bewusstsein ihrer Zeit liegen. Das
Niveau der Einsicht ist bereits hoch, und als Entdecker
treten uns diejenigen entgegen, welche gleich den Berg-
spitzen über ein Plateau, etwas, wenn auch nur wenig,
über die Gedankenhöhe ihrer Zeit hervorragen. —

Allein schon viele Jahre vor der obenstehenden
Aeusserung Faraday's war ein ähnliches Argument angewendet worden. Ich citire hier mit eben so viel Freude
als Bewunderung folgende Stelle, welche Dr. Rozet schon
im Jahre 1829 schrieb. Von der Contacttheorie sprechend,
sagt er: „Sollte es eine Kraft geben, welche die, von dieser Hypothese ihr zugeschriebenen Eigenschaften besitzt:
nämlich die Fähigkeit einer Flüssigkeit einen fortdauern-
den Impuls nach einer constanten Richtung hin zu
geben, ohne dass sie durch ihre eigene Wirksamkeit
erschöpft würde, so würde sich diese Kraft von allen
anderen Naturkräften wesentlich unterscheiden. Alle
Kräfte und Bewegungsquellen, mit deren Vorgängen wir
bekannt sind, werden in demselben Verhältnisse
verbraucht, als diese Wirkungen erzeugt werden,
und daraus entsteht die Unmöglichkeit, durch
ihre Beihülfe eine immerwährende Wirkung, oder
mit anderen Worten, ein Perpetuum mobile zu erhalten. Allein die elektromotorische Kraft, welche
Volta den in Contact befindlichen Metallen zuschreibt,
ist eine Kraft, welche sich niemals erschöpft, so lange der
von ihr in Bewegung gesetzten Elektricität freier Lauf
gestattet ist, und die mit unverminderter Macht in der
Erzeugung einer unaufhörlichen Wirkung fortfährt. Die

Unwahrscheinlichkeiten einer solchen Voraussetzung sind
beinahe unendlich." Nachdem diese Schlussfolgerung,
welche F a r a d a y selbstständig aufstellte, in ihm zur klaren
Ueberzeugung geworden war, lag ihm wenig mehr daran
noch weitere Versuche über die Quelle der Elektricität in
der Volta'schen Säule anzustellen. Ihm schien es, dass
dieses Argument der Contacttheorie alle und jede
Grundlage entziehe, und später sah er ihrem allmä-
ligen Zerfalle ruhig zu *).

---

*) F a r a d a y bewies die Unfähigkeit der Contacttheorie, so wie sie
damals vorgebracht und vertheidigt wurde, in Bezug auf die Entstehung
des elektrischen Stromes, worin eigentlich der Kern der ganzen Frage
lag. Es ist jedoch gewiss, dass, wenn zwei verschiedene Metalle in Berührung gebracht werden, dieselben sich laden, und zwar das eine mit positiver, das andere mit negativer Elektricität. Es war mir im Jahre 1849
vergönnt, dieses Thema mit K o h l r a u s c h durchzunehmen, und seine Versuche liessen mir keinen Zweifel darüber, dass die Volta'sche Contactelektricität in Wahrheit besteht, wenn sie auch ausser Stande ist eine Strömung hervorzurufen. S i r  W i l l i a m  T h o m s o n hat es vermittelst eines
seiner schönen selbst construirten Instrumente möglich gemacht, diesen
Punkt einfach und klar zu demonstriren, und er sowohl als andere Naturforscher haben jetzt e i n e Contacttheorie angenommen, welche sowohl die
Wirkung der Metalle, als auch die chemischen Erscheinungen des Kreislaufes in Anschlag bringt. — So viel ich weiss, war es H e l m h o l t z , der
in seiner Abhandlung: „Die Erhaltung der Kraft" zuerst der Contacttheorie diese neue Gestalt verlieh; S. 45.

Untersuchungen über Reibungselektricität.
Induction. Elektrisirung durch Vertheilung
und Leitung. Ladungsfähigkeit der Isolatoren, und Leitung der Wirkung in
isolirenden Medien.

————————

Die gewaltige Thätigkeit seiner Erfindungskraft,
welche die vier vorhergehenden Jahre mit einem Reichthum von experimenteller Arbeit angefüllt hatte, wie sie
bisher unerhört war, ruhte im Jahre 1855 zeitweilig aus.
Die einzige wissenschaftliche Abhandlung, welche Faraday in diesem Jahre veröffentlichte: „Ueber eine ver-
besserte Form der Volta'schen Batterie", war verhältnissmässig unwichtig. Er grübelte eine Zeit lang. Die Versuche über Elektrolysis hatten lange seinen Geist erfüllt;
er schaute, wie wir bereits sagten, bis in das innerste
Herz des Elektrolyten, und suchte seinem geistigen Auge
die Bewegung von dessen Atomen klar zu machen. Er
bezweifelte nicht, dass das, was man „elektrische Strömung" nennt, in diesem Falle von Theilchen zu Theilchen
des Elektrolyten sich fortpflanze. Er nahm die Lehre
von Grothuss und Davy an, wonach Zersetzung und
Wiederherstellung der Verbindungen von einer Elektrode

zur andern sich erstreckt; und mehr und mehr wurde
die Idee, dass auch die gewöhnlichen Wirkungen elektrischer Vertheilung ebenfalls durch aneinanderstossende
Theilchen vermittelt und übergeführt werden, bei ihm zur
Ueberzeugung. Seine erste grosse Abhandlung über Reibungselektricität schickte er am 30. November 1837 an
die Royal Society ein. Hier finden wir ihn ringend gegen
eine Idee, welche seinen Geist während seines ganzen
nachfolgenden Lebens nicht mehr losliess: der Vorstellung nämlich von einer Kraftwirkung in der Entfernung. Dieser Gedanke beunruhigte und verwirrte ihn.
In seinem Bestreben, dieser Unruhe zu entgehen, lehnte
er sich oft unbewusst gegen die Grenzen unseres Erkennt-
nissvermögens auf. Er liebte es, Newton über diesen
Punkt zu citiren; und immer wiederholte er dessen denkwürdige Worte: „Die Annahme, dass die Schwere der
Materie an sich schon wesentlich zukomme, so dass ein
Körper auf einen entfernten andern auch durch den leeren Raum hin, und ohne Vermittelung von irgend etwas
Anderm wirken könne, mittels dessen und wodurch seine
Wirkung und Kraft hinüber geleitet wird, das erscheint
mir als eine so grosse Absurdität, dass ich nicht glaube,
irgend Jemand, welcher bei naturwissenschaftlichen Dingen ausreichendes Denkvermögen besitzt, könne darauf
verfallen. Die Schwere muss erzeugt werden durch
ein nach bestimmten Gesetzen constant wirkendes Agens;
allein ob dieses Agens ein materielles oder immaterielles
ist, überlasse ich der Ueberlegung meiner Leser" *).

Faraday sieht bei seinen aneinander stossenden
Theilchen nicht dieselbe Schwierigkeit. Und doch vermindern wir eben nur Grösse und Entfernung, indem

*) Newton's dritter Brief an Bentley.

wir in unsere Vorstellung kleinste Theilchen statt grösserer Masse setzen, aber wir ändern nicht die Art der
Vorstellung. Jede Schwierigkeit, die unser Verstand
findet, wenn er sich eine Wirkung über wahrnehmbare
Abstände hin vorstellen will, tritt ihm auch entgegen,
wenn er versucht, sich eine solche in unmerklichen Entfernungen vorzustellen.

Die Erforschung der Frage, ob elektrische und magnetische Wirkungen durch Vermittlung dazwischen
liegender Medien zu Stande kommen oder nicht, bot
jedoch noch ein physikalisches, von der metaphysischen
Schwierigkeit ganz getrenntes Interesse. Faraday ringt
auf experimentellem Wege mit dem Gegenstand. Durch
unmittelbare Anschauung ist ihm klar, dass eine Wirkung in die Entfernung in gerader Linie stattfinden
müsse. Er weiss, dass die Schwerkraft sich nie um eine
Ecke wenden wird, sondern ihren Zug in gerader Linie
ausübt. Daher seine angestrengten Bestrebungen, zu untersuchen, ob eine elektrische Wirkung jemals in einer
gekrümmten Linie stattfinden könne. Wäre dieses einmal bewiesen, so würde daraus folgen, dass die Wirkung
mittels des Mediums, welches die elektrisirten Körper
umgiebt, sich ausbreitet. Seine Versuche vom Jahre
1837 gaben seiner Ansicht nach den Beweis für diesen
Punkt. Er fand damals, dass er durch Induction eine
isolirte Kugel elektrisiren könne, obgleich diese ganz
im Schatten eines Körpers stand, wodurch sie vor jeder
directen Einwirkung geschützt war. Er bildete die Linien
der elektrischen Kraft ab, wie sie sich um die Kanten des
Schirmes biegen, und sich auf der andern Seite desselben
wieder vereinigen; und er bewies, dass in vielen Fällen
die Zunahme der Entfernung zwischen der isolirten Kugel
und dem inducirenden Körper die Ladung der Kugel ver-

stärke, anstatt sie zu vermindern. Dies schrieb er dem
Umstande zu, dass die Linien elektrischer Kraft sich in
einiger Entfernung hinter dem Schirme wieder zusammen-
drängten.

Faraday's theoretische Ansichten über diesen Gegenstand sind nicht allgemein angenommen worden, allein
sie trieben ihn zum Experimentiren an, und dies war bei
ihm stets von den reichsten Resultaten gekrönt. Durch
passende Anordnung setzte er eine Metallkugel in die
Mitte einer grössern hohlen Kugel, so dass ein Zwischenraum von circa $1/2$ Zoll zwischen beiden blieb. Die innere
Kugel war isolirt, die äussere nicht. Der ersteren theilte
er eine bestimmte Ladung von Elektricität mit. Diese
wirkte durch Induction auf die concave Oberfläche der letzteren, und er untersuchte nun die Art und Weise, wie diese
Wirkung der Induction stattfände, dadurch, dass er ver-
schiedenartige Isolatoren zwischen die beiden Kugeln einführte. Er versuchte Gase, Flüssigkeiten und feste Körper,
allein nur die letzteren gaben ihm positive Resultate. Er
construirte zwei Apparate nach der vorhergehenden Beschreibung, welche in Form und Grösse gleich waren.

Die innere Kugel war bei beiden mit der äussern
Luft durch einen Messingstab, der in einen Knopf auslief,
verbunden. Der Apparat war eigentlich eine Leydener
Flasche, deren beide Belegungen die zwei Kugeln dar-
stellten, mit einem dicken und veränderlichen Isolator
zwischen sich. Die Stärke der Ladung wurde dadurch
bestimmt, dass er ein Probescheibchen in Berührung mit
dem Knopfe brachte, und mittels einer Drehwage die
entnommene Ladung abmaass. Er lud zuerst den einen
Apparat, und indem er die Ladung mit dem andern
theilte, fand er, dass wenn in beiden Luft zwischen den
Kugeln enthalten war, die Ladung in gleiche Theile ge-

theilt wurde, allein wenn Schellack, Schwefel oder Wallrath zwischen die beiden Kugeln des einen Apparates gebracht wurde, während der Zwischenraum im andern
durch Luft ausgefüllt blieb, so fand er, dass das mit dem
„festen Dielektricum" angefüllte Instrument mehr als die
Hälfte der ursprünglichen Ladung wegnehme. Ein
Theil der Ladung war durch das Dielektricum selbst ab-
sorbirt worden. Die Elektricität brauchte Zeit, um das
Dielektricum zu durchdringen. Unmittelbar nach der
Entladung des Apparates war keine Spur von Elektricität
in dessen Knopf zu spüren. Allein nach einiger Zeit war
wieder Elektricität zu finden, indem dieselbe nach und
nach aus dem Dielektricum zurückkehrte, in welchem sie
verweilt hatte. Verschiedene Isolatoren besitzen die
Kraft, die Ladung in sich eindringen zu lassen, in verschiedenem Grade. Faraday stellte sich vor, ihre Theilchen seien polarisirt, und schloss daraus, dass die Induc-
tionskraft von Theilchen zu Theilchen des Dielektricums
von der innern Kugel zur äussern fortgepflanzt werde.
Diese Fähigkeit der Fortpflanzung, welche die Isolatoren
besitzen, nannte er ihre specifische Inductionscapacität.

Faraday erschaut mit der grössten Klarheit den Zustand einer solchen Reihe aneinanderstossender Theilchen;
eines nach dem andern wird geladen, so dass jedes folgende
Theilchen in Bezug auf seine Ladung von seinem Vorgänger abhängig ist. Und nun sucht er die Scheidewand
zwischen Leitern und Isolatoren niederzureissen. „Können
wir nicht," sagt er, „eine ununterbrochene Kette verwandter
Vorgänge aneinanderreihen, anfangend von der Entladung
in Luft, von da übergehend zu der in Wallrath, Wasser
und wässerigen Lösungen und dann in Chloriden, Oxyden
und Metallen verfolgen, ohne dass irgend eine wesentliche
Aenderung in ihrem Charakter erfolgt." — „Sogar Kupfer,"

sagt er weiter, „bietet dem Durchgange von Elektricität
Widerstand.   Die Vorgänge in seinen Theilchen unterscheiden sich von denen eines Isolators nur dem Grade
nach.   Sie werden ebenso wie die Theilchen des Isolators
geladen, allein sie entladen sich mit grösserer Leichtigkeit
und Geschwindigkeit, und diese Geschwindigkeit der molecularen Entladung ist das, was wir Leitung nennen."
Der Leitung geht demnach immer in den Atomen Induction voraus, und wenn in Folge irgend einer Eigenschaft
des Körpers, welche Faraday nicht näher bezeichnet,
die Entladung zwischen den Atomen langsam und schwierig
wird, so geht die Leitung in Isolirung über.

Es geht ein schöner Zug philosophischen Geistes
durch diese Untersuchungen, so dunkel sie auch zuweilen
sind.   Der Geist des Naturforschers verweilt bei den Vorgängen, welche den sichtbaren Erscheinungen der Induction und der Leitung zu Grunde liegen, und er sucht im
Lichte  seiner  Einbildungskraft  bis  zu  den  Molecülen
seiner Dielektrica zu blicken. Es wäre jedoch nicht schwer,
diese Untersuchungen zu kritisiren, und es liesse sich mit
leichter Mühe die Unbestimmtheit und stellenweise Unge-
nauigkeit  der  angewendeten  Phraseologie  nachweisen;
allein eine derartige Kritik wird aus Faraday wenig Gutes
zu gewinnen wissen.  Besser wäre es, wenn diejenigen, die
über seine Werke nachgrübeln, das Ziel, was er sich gesetzt
hatte, zu erreichen suchen wollten, ohne sich durch seine
gelegentliche  Unbestimmtheit  in  ihrer  Anerkennung  für
seine Speculationen stören zu lassen. Wir können die ge-
kräuselten Wellen, die Wirbel und Strudel eines Stromes
sehen, ohne im Stande zu sein, alle diese Bewegungen in
ihre ursprünglichen Elemente aufzulösen; und manchmal
kommt es mir vor, als habe Faraday das Spiel der
Flüssigkeiten, des Aethers und der Atome gesehen, obwohl

seine Erziehung ihm nicht die Mittel an die Hand gab,
das was er anschaute, auf die letzten Grundprincipien zurückzuführen, oder diese in einer Weise zu beschreiben,
welche den Mathematiker befriedigen würde. — Dann
aber kommen wieder ganz dunkle schwerverständliche
Aeusserungen bei ihm vor, welche, ich gestehe es, mein
Vertrauen zu dieser Behauptung erschüttern. Wir dürfen jedoch niemals vergessen, dass Faraday an den
äussersten Grenzen unseres Wissens arbeitete und dass
sein Geist gewöhnlich in der Nachbarschaft des „unbe-
grenzten Dunkels" verweilt, womit unsere Erkenntniss
umringt ist. In den eben besprochenen Untersuchungen
Faraday's ist das Verhältniss der Speculationen zum
Experimente ein viel grösseres als in irgend einem seiner
früheren Werke. Vermischt mit mancherlei Dunklem
und Verwirrtem zeigen sich zuweilen Blitze wunderbarer
Einsicht, und Aeusserungen, welche weniger das Ergebniss
des Nachdenkens als das einer plötzlichen Offenbarung
zu sein scheinen. Ich will mich hier auf ein einziges
Beispiel dieses Ahnungsvermögens beschränken: Wheatstone hatte durch seine höchst sinnreiche Erfindung
eines schnell rotirenden Spiegels bewiesen, dass die Elektricität Zeit braucht, um einen Draht zu durchlaufen,
indem der Strom die Mitte des Drahtes später erreicht
als die beiden Enden desselben. Faraday sagt: Wenn
die beiden Enden des Drahtes in Professor Wheatstone's
Versuchen unmittelbar mit zwei grossen der Luft ausge-
setzten isolirten Metallflächen verbunden wären, so dass
die durch den ersten Inductionsact erzeugte Elektricität,
nachdem der Bogen für die Entladung geschlossen ist,
im ersten Augenblick aus dem Innern des Drahtes auf
seine Oberfläche übergehen, und sich hier sowie in der
Luft und den umgebenden Leitern vertheilen könnte,

dann wage ich vorauszusetzen, dass der mittlere Funken
noch mehr als früher verzögert werden würde; und wenn
diese beiden metallischen Oberflächen die innere und
äussere Belegung einer grossen Leydener Flasche oder
Batterie wären, so müsste die Verzögerung des Funkens
noch viel grösser sein. Dies war nur eine Prophe-
zeiung, denn der Versuch war nicht gemacht worden*).
Sechzehn Jahre später jedoch, beim Eintritte der rechten
Bedingungen, war Faraday im Stande zu zeigen, dass
die Beobachtungen von Werner Siemens und Latimer
Clark über die unterirdischen und unterseeischen Drähte
grossartige Erläuterungen des Principes seien, welches er
im Jahre 1838 ausgesprochen hatte. — Die Drähte und das
umgebende Wasser wirken wie eine Leydener Flasche,
und die von Faraday vorausgesagte Verspätung des
Stromes wird in jeder Depesche, welche durch ein solches
Kabel geschickt wird, ersichtlich.

Wie ich bereits sagte, sind die in Faraday's Abhandlungen über Induction und Leitung enthaltenen Ansichten keineswegs immer klar; und diese Schwierigkeit
wird am meisten von Solchen empfunden, denen die gewöhnlichen theoretischen Begriffe am geläufigsten sind.
Faraday kennt die Bedürfnisse des Lesers nicht, und
befriedigt sie deshalb auch nicht. So spricht er zum Beispiel immer wieder von der Unmöglichkeit, einen Körper
mit einer Elektricität allein zu laden, obwohl diese Unmöglichkeit durchaus nicht einleuchtend ist. Der Schlüssel zu dieser Schwierigkeit ist folgender: Er sieht jeden
isolirten Leiter als die innere Belegung einer Leydener

---

*) Wenn Sir Charles Wheatstone bewogen werden könnte, seine
Messungen noch einmal vorzunehmen mit Veränderungen der Substanzen,
durch welche, und der Bedingungen, unter welchen der Strom fliesst, so
würde er damit der Wissenschaft sowohl für die Theorie als für das Experiment einen grossen Dienst erweisen. —

Flasche an. Eine isolirte Kugel inmitten eines Zimmers ist für ihn solch eine innere Belegung. Die Wände sind die äussere Belegung, und die Luft zwischen beiden ist der Isolator, durch welchen die Ladung durch Induction wirkt. Ohne diese Reaction der Wände auf die Kugel könnte man nach Faraday ebenso wenig dieselbe mit Elektricität laden, als man eine Leydener Flasche, deren äussere Belegung weggenommen ist, laden kann. Entfernung ist für ihn unwesentlich. Seine Fähigkeit, Alles auf allgemeine Grundzüge zurückzuführen, macht es ihm möglich, den Begriff der Grösse aufzulösen; und wenn man die Zimmerwände — oder gar die ganze Erde — entfernte, so würde er aus der Sonne und den Planeten die äussere Belegung seiner Leydener Flasche machen. Ich wage nicht zu behaupten, dass Faraday in diesen Abhandlungen immer alle seine theoretischen Behauptungen vollständig bewies. Allein es geht eine philosophische Ader durch diese Schriften, während seine Experimente und seine Schlussfolgerungen über die Natur und Erscheinungen der elektrischen Entladung von unvergänglicher Wichtigkeit sind.

## Nöthige Ruhe. Reise nach der Schweiz.

Die letzte der besprochenen Abhandlungen war aus der Royal Institution vom Juni 1838 datirt. Sie schliesst den ersten Band von Faraday's „Untersuchungen über Elektricität" ab. Im Jahre 1840 machte er, wie bereits bemerkt wurde, seinen letzten Angriff auf die Contacttheorie, von welchem sich diese niemals erholte*).

Er begann jetzt die Folgen der geistigen Anstrengung zu fühlen, der er so viele Jahre lang unterworfen gewesen war. Er hatte sich im Laufe dieser Jahre zu verschiedenen Malen ganz erschöpft gefühlt. Seine Frau allein wusste, wie tief seine Kräfte gesunken waren, und ihrer liebevollen Sorge verdanken wir und die Welt, dass er so lange unter uns gegenwärtig sein durfte. Zuweilen suchte er einige Erholung im Besuche des Theaters. Er verliess London ziemlich oft und begab sich nach Brighton, oder einen andern Ort, der ihm eine weite Aussicht, sei es über die See, sei es ins Land hinein, gewährte, in deren Anschauung er sich vertiefen konnte und allmälig den Glauben wieder in sich erwachen fühlte, dass:

> „Die Natur noch nie betrogen hat
> Das Herz, das für sie schlägt."

---

*) Siehe Note S. 62.

Aber häufig war er Tage lang nach seiner Uebersiedelung
auf das Land nicht im Stande mehr zu thun, als am offenen Fenster sitzend das Meer und den Himmel anzusehen.

Im Jahre 1841 verschlimmerte sich sein Zustand bedeutend. Ein im März 1843 geschriebener Brief an
Richard Taylor enthält eine Anspielung auf diesen
vorausgegangenen Zustand. „Sie wissen," sagt er, „dass
Rücksichten auf meine Gesundheit mich während der
zwei letzten Jahre sowohl am Arbeiten als an wissenschaftlichen Vorträgen verhindert haben." Dies scheint
das Schicksal aller grossen Forscher in irgend einer Periode ihres Lebens zu sein. Sie lernen die Grenzen ihrer
Arbeitskraft erst dann kennen, wenn sie dieselben bereits
überschritten haben. Vielleicht ist es gut, dass sie sie
überschreiten, um eben diese Grenzen kennen zu lernen.
Faraday ging jedoch nicht so weit, dass eine Wiederherstellung für ihn unmöglich geworden wäre. Er ging
im Jahre 1841 mit seiner Frau und unter der liebevollen Obhut von deren Bruder, dem Maler Mr. George
Barnard, nach der Schweiz. Diese Leidenszeit zeigt seinen
Charakter wieder in hellstem Lichte. Ich habe früher gesagt Milde und Sanftmuth seien nicht seine einzigen Eigenschaften gewesen; auch Heftigkeit und Strenge gehörten
dazu. Zu jener Zeit jedoch war sein Feuer fast erloschen
und seine Kraft beinahe geschwunden. Dennoch war
weder Reizbarkeit noch Missmuth zurückgeblieben. Er
war unfähig in Gesellschaft zu gehen, denn jedes Gespräch
war ihm eine Qual; allein beobachten wir den grossen kind-
lichen Menschen in seinen einsamen Augenblicken. Er befindet sich im Dorfe Interlaken, sieht der Sonne zu, wie sie
hinter der Jungfrau untergeht, und beobachtet zuweilen
einen Schweizer Nagelschmied bei seiner Arbeit. Er schreibt
ein kleines Tagebuch, worin er den Process der Nägel-

fabrikation beschreibt und dabei einen Rückblick auf sich selbst wirft.

„2. August 1841.   Die Fabrikation von Schuhnägeln ist hier ziemlich bedeutend; und es ist hübsch, der Arbeit zuzusehen.   Ich liebe eine Schmiede und Alles, was auf das Schmiedehandwerk Bezug hat. Mein Vater war ein Schmied."

Von Interlaken ging er zum Giessbach am schönen Brienzersee, und hier schaut er den Wasserfällen zu, wie sie über die Reihe von Abgründen hinabschiessen.   Das Wasser zerstiebt zu Schaum am Fusse eines jeden Falles und wird zurückprallend als Wasserstaub durch die Luft emporgewirbelt.   Die Sonne steht hinter ihm und scheint auf den sprühenden Staub, und Faraday beschreibt seine Empfindungen und Beobachtungen folgendermaassen:

„12. August 1841.   Heute schäumten alle Fälle von dem Ueberfluss an Wasser, und der Luftstrom, den sie mit sich führten, war an manchen Stellen zu heftig, um ihn auszuhalten.   Die Sonne schien hell und die Regenbogen, welche man an verschiedenen Stellen sah, waren sehr schön. Ein Regenbogen am Fusse eines schönen aber wilden Falles sah besonders hübsch aus; er blieb regungslos, während die Windstösse und die Staubwolken wild über ihn wegtrieben und gegen die Felsen anprallten.   Er sah aus wie ein Geist, der fest im Glauben inmitten der Stürme der Leidenschaften, die über ihn wegziehen, stehen bleibt; und obwohl er bald erlosch, bald wieder auflebte, so hing er doch fest am Felsen als Sinnbild der Hoffnung und wieder Hoffnung einflössend.   Und eben jene Tropfen, die im Wirbel ihrer Wuth Alles hinwegzureissen schienen, sind dazu da, ihn neu zu beleben und ihm grössere Schönheit zu verleihen."

## Magnetisation des Lichtes.

Wir müssen den Menschen verlassen, um wieder zum Entdecker zurückzukehren — später werden wir den ersteren wieder für eine kurze Zeit aufsuchen. Lassen Sie Ihre Gedanken zu Faraday's letzten Versuchen zurückkehren. Sie sehen ihn, wie er damit beschäftigt ist, zu beweisen, dass die Induction der Wirkung von aneinanderstossenden Theilchen zuzuschreiben sei. Er wusste, dass polarisirtes Licht ein sehr feiner und zarter Prüfstein des molecularen Zustandes ist. Er benutzte dasselbe im Jahre 1834 zur Untersuchung seiner Elektrolyten, und 1838 wendete er es auf die Dielektrica an. Damals bekleidete er zwei gegenüberstehende Flächen eines Glaswürfels mit Stanniol, verband die eine Bekleidung mit seiner starken Elektrisirmaschine und die andere mit der Erde, und untersuchte vermittels polarisirten Lichtes den Zustand des Glases, welches auf diese Weise starker elektrischer Vertheilung ausgesetzt war. Es gelang ihm nicht, eine sichtbare Wirkung zu erzielen, doch war er überzeugt, dass eine solche existire und es nur der geeigneten Mittel bedürfe, um sie hervorzurufen.

Diese Gedanken beschäftigten ihn nach seiner Rückkehr aus der Schweiz; sie entsprangen mehr einer Inspiration als der Logik; allein er wendete sich zu den Magneten und bewies, dass seine Eingebung richtig gewesen.
Ich habe bereits seines Widerwillens gegen „zweifelhaftes
Wissen" und seiner Anstrengungen, sich von der Herrschaft der Hypothesen zu befreien, gedacht. Trotz seines
Auflehnens gegen alle Theorie theoretisirte er selbst doch
beständig. Seine sämmtlichen Untersuchungen sind durch
einen speculativen Grundzug verbunden. Theoretische
Ideen bildeten so zu sagen die eigentliche Lebensader
seiner Erkenntniss, die Quelle, woraus seine Kraft als
Experimentator sich herleitete. Als ich einmal mit ihm
durch den Krystallpalast zu Sydenham wanderte, frug
ich ihn, was seine Aufmerksamkeit auf Magnetisation des
Lichtes gelenkt habe. Es waren seine theoretischen Vorstellungen. Er hatte gewisse Ansichten über die Einheit
und die Verwandlungsfähigkeit der Naturkräfte; gewisse
Ideen in Bezug auf die Schwingungen des Lichtes und ihr
Verhältniss zu den magnetischen Kraftlinien; diese Ansichten waren es, die ihn zur Untersuchung trieben. Und
so muss es immer sein; ein grosser Experimentator muss
fortdauernd nach theoretischen Anschauungen streben,
auch wenn er diesen keinen förmlichen Ausdruck verleiht.

Faraday hatte, wie Ihnen bereits mitgetheilt wurde,
früher versucht, die Fabrikation des Glases für optische
Zwecke zu verbessern. Allein obwohl er ein schweres
Glas von grossem Brechungsvermögen erzeugte, so war
doch dessen Brauchbarkeit für die Optik nicht im Verhältniss zu der darauf verwendeten Mühe und Arbeit.
Jetzt aber gelangen wir zu einem Resultate, dass durch
dieses Glas erzielt wurde, und reichlichen Ersatz für
Alles bot.

Im November 1845 kündigte er seine Entdeckung der „Magnetisation des Lichtes, und der Erleuchtung der magnetischen Kraftlinien" an. Dieser Titel erregte damals Anstoss und veranlasste Missverständnisse. Er fügte deshalb eine erklärende Notiz hinzu, allein dieselbe machte seine Meinung nicht deutlicher. In der That hegte Faraday Ansichten über die Magnetisation des Lichtes, die ihm ganz eigenthümlich waren, und die sich nicht in die wissenschaftliche Sprache der Zeit übertragen liessen. Wahrscheinlich würde kein damaliger Naturforscher die oben erwähnten Benennungen auf die Entdeckung vom Jahre 1845 angewendet haben. Allein Faraday war mehr als ein Naturforscher, er war ein Prophet; und wurde oft von Eingebungen bewegt, welche nur ein ihm sympathischer Geist verstehen konnte. Zuweilen veränderte, ja schadete das prophetische Element in seinem Charakter den Aeusserungen des Gelehrten; ohne dieses Element jedoch wäre ihm die Triebkraft entzogen worden, auch wenn ein grösseres intellectuelles Gleichgewicht dadurch bei ihm erlangt worden wäre.

Lassen Sie uns von der Ueberschrift dieses Gehäuses, zu den Juwelen, welche es enthält, übergehen. Er sagt: Ich bin längst und, wie ich glaube in Gemeinschaft mit vielen anderen Freunden der Naturwissenschaften, der Ansicht, ja der Ueberzeugung gewesen, dass die verschiedenen Formen der Naturkräfte einen gemeinschaftlichen Ursprung haben; dass sie, mit anderen Worten, so nahe verwandt und gegenseitig von einander abhängig sind, dass sie sich so zu sagen gegenseitig in einander verwandeln können, und in Bezug auf ihre Wirkung bestimmte Kraftäquivalente besitzen. „Diese feste Ueberzeugung," fügt er hinzu, „dehnte sich auch auf die Kraft des Lichtes aus." Hierauf untersuchte er die Wirkung

der Magnete auf das Licht. Aeusserungen von ihm und
Anderson lassen schliessen, dass die Arbeit, welche
dieser Entdeckung voranging, sehr gross war. Die Welt
weiss wenig von den Mühen des Entdeckers. Sie sieht
den Kletterer jubelnd auf der Bergspitze, allein sie kennt
die Arbeit des Hinansteigens nicht. Wahrscheinlich wurden Hunderte von Versuchen mit durchsichtigen Krystallen angestellt, ehe er daran dachte, sein schweres Glas
zu prüfen. Hier folgt seine eigene einfache und klare Beschreibung seines ersten Versuchs mit dieser Substanz:

„Ein Stück von diesem Glas, welches ungefähr 2 Zoll
im Quadrat und 0,5 Zoll in der Dicke maass und flache
polirte Seitenflächen hatte, wurde als Diamagneticum*)
zwischen die Pole (welche noch nicht durch den elektrischen Strom magnetisirt waren) gesetzt, so dass der polarisirte Strahl durch die Länge des Glases laufen konnte;
das Glas wirkte wie Luft, Wasser oder eine andere durch-
sichtige Substanz gewirkt haben würde; und wenn man
das Ocular in eine solche Lage brachte, dass der polarisirte Strahl erlosch, oder vielmehr dass das durch denselben hervorgebrachte Bild unsichtbar wurde, so brachte
die Einführung des Glases keine Aenderung in dieser Beziehung hervor. Unter diesen Verhältnissen wurde die
Kraft des Elektromagneten dadurch entwickelt, dass man
einen elektrischen Strom durch seine Drahtwindungen
leitete und sofort wurde das Bild der Lampenflamme
sichtbar, und blieb es auch, so lange der Magnetismus
unterhalten wurde. Sobald man den elektrischen Strom

---

*) „Unter einem Diamagneticum — sagt Faraday — verstehe ich
einen Körper, durch welchen magnetische Kraftlinien hindurchgehen, und
welcher durch deren Wirkung nicht in den gewöhnlichen magnetischen
Zustand von Eisen oder Magnetstein versetzt wird." Faraday gebrauchte
die Benennung später in einem andern als dem hier erwähnten Sinne,
wie wir sehen werden.

unterbrach und dadurch die magnetische Kraft aufhob,
verschwand das Licht augenblicklich. Diese Erscheinungen
konnten jeden Augenblick wiederholt werden und zeigten
bei jeder Gelegenheit und in jedem Augenblicke dieselbe
Abhängigkeit von Ursache und Wirkung."

In einem gewöhnlichen Lichtstrahl vibriren die
Theilchen des leuchtenden Aethers in allen Richtungen
senkrecht zu der Fortpflanzungsrichtung; durch die von
Faraday hier bewerkstelligte Polarisation werden alle
Schwingungen, mit Ausnahme derjenigen, die einer gewissen Ebene parallel sind, beseitigt. Wenn die Schwin-
gungsebene des Polarisators mit der des Analysators zu-
sammenfällt, so geht ein Theil der Strahlen durch beide
hindurch; stehen diese beiden Ebenen jedoch im rechten
Winkel gegen einander, so erlischt der Strahl. Wird
durch irgend ein Mittel, während der Polarisator und der
Analysator auf diese Weise gekreuzt sind, die Schwin-
gungsebene des polarisirten Strahls zwischen denselben
verändert, dann wird das Licht wenigstens theilweise
durchgelassen werden. Dies war in Faraday's Versuch
ausgeführt worden. Sein Magnet drehte die Polarisationsebene des Strahles um einen gewissen Winkel und machte es
diesem möglich, durch den Analysator zu dringen, so dass
aus der „Magnetisirung des Lichtes und der Beleuchtung
der magnetischen Kraftlinien" in der Sprache der heutigen
Theorie die Rotation der Polarisationsebene wird.

Der Hauptwerth einer Thatsache bestand für ihn, wie
für alle wahren Denker, in ihrem Verhältniss und ihrer
Fruchtbarkeit für den allgemeinen Zusammenhang wissenschaftlicher Wahrheit. Daher kam es, dass, nachdem das
Bestehen einer Erscheinung einmal festgestellt war, er
dieselbe aus allen nur denkbaren Gesichtspunkten betrachtete und ihre Verwandtschaft mit anderen Erscheinun-

gen zu entwickeln suchte. Er bewies, dass die Richtung der
Rotation von der Lage der magnetischen Pole abhing, und
umgekehrt wurde, wenn die magnetischen Pole umgekehrt
wurden. Er zeigte, dass wenn ein polarisirter Strahl in
einer mit den magnetischen Kraftlinien parallelen Richtung
durch sein schweres Glas ging, die Rotation ihr Maximum
erreiche, und dass gar keine Rotation stattfinde, wenn
die Richtung des Strahles im rechten Winkel zu den
magnetischen Kraftlinien steht. Er bewies ferner, dass
die Grösse der Rotation proportional ist der Länge des
Diamagneticum, durch welches der Strahl dringt.

Er arbeitete mit Flüssigkeiten und Lösungen, und
untersuchte mehr als 150 wässerige Lösungen; er fand
diese Kraft in allen. Darauf untersuchte er Gase; allein
hier scheiterten alle seine Anstrengungen, um eine merkliche Wirkung auf den polarisirten Strahl hervorzubringen. Er ging hierauf von dem Magneten auf die elektrischen Strömungen über, indem er Stücke schweren
Glases und Röhren, die Flüssigkeiten und wässerige Lösungen enthielten, in eine elektromagnetische Spirale
einschloss. Ein durch die Spirale geleiteter Strom
bewirkte eine Rotation der Polarisationsebene, und
zwar immer in der Richtung des Stromes. Die Rotation kehrte sich um, wenn die Strömung umgekehrt
wurde. Bei der Anwendung von Magneten beobachtete
er, dass, sobald der Magnet erregt wurde, der durchge-
hende Lichtstrahl eine merkliche, wenn auch kurze Zeit
brauchte, ehe er aus dem Zustande der Dunkelheit zum
Maximum seiner Helligkeit überging. Bei der Anwendung
von elektrischen Strömen dagegen erreichte der Strahl
sofort sein Maximum. Er zeigte, dass dies von der Zeit
herrühre, welche der Eisenkern des Elektromagneten bedürfe, um seine volle magnetische Kraft zu erreichen;

während diese Zeit verschwindend klein wird, wenn ein
elektrischer Strom ohne Eisen angewendet wird. „Bei
diesem Versuche," sagt er, „können wir, wie ich glaube
mit Recht, sagen, dass ein Lichtstrahl elektrisirt, und dass
die elektrischen Kräfte beleuchtet werden." Er unterwarf jetzt in den Drahtspiralen, wie früher in den Magneten, auch die Luft „voll Sorge und ängstlicher Spannung" dem magnetischen Einflusse, konnte jedoch keine
Spur von einer Wirkung auf den .polarisirten Strahl
wahrnehmen.

Manche Substanzen besitzen die Fähigkeit, die Polarisationsebene auch ohne Mitwirkung des Magnetismus
zu drehen. Terpentinöl und Quarz sind Beispiele davon;
allein Faraday zeigte, dass während in magnetisirten
Körpern die Grösse der Rotation von der Richtung des
Strahls abhängig ist, und ihr Maximum erreicht, wenn die
Richtung des Strahles parallel zu den Kraftlinien ist, im
Terpentinöl dagegen die Rotation unabhängig von der
Richtung des Strahles ist. Ferner zeigte er, dass noch
ein viel grösserer Unterschied zwischen der natürlichen und
der magnetischen Rotation besteht. Ich will versuchen, die
Art der Unterschiede zu erklären. Angenommen, wir
hätten eine Röhre an den Enden mit Glas geschlossen
und mit Terpentinöl gefüllt und richteten sie von Norden
nach Süden. Bringen wir das Auge an das Südende der
Röhre, und lassen wir einen polarisirten Strahl von Norden hereintreten. Dem Beobachter wird in dieser Stellung
die Rotation der Polarisationsebene durch das Terpentinöl
als rechts gedreht erscheinen. Bringen wir dagegen
unser Auge an das Nordende der Röhre und lassen den
Strahl von Süden her eintreten, so ist die Rotation immer
nach rechts gedreht. Dies ist jedoch nicht der Fall, wenn

ein Stück schweren Glases der Wirkung eines elektrischen
Stromes ausgesetzt wird. In diesem Falle wird, wenn die
Rotation in der ersten Stellung des Auges von rechts
nach links geht, dieselbe in der zweiten Stellung von
links nach rechts gehen. Aus diesen Betrachtungen geht
hervor, dass wenn ein polarisirter Strahl, nachdem er
durch Terpentinöl hindurchgegangen ist, auf irgend
welche Weise durch die Flüssigkeit zurückgeworfen würde,
die Rotation, welche der directe Strahl empfangen hat,
gerade aufgehoben würde durch diejenige Rotation, welche
der reflectirte Strahl empfängt. Nicht so bei der Wirkung, welche der Magnetismus hervorbringt. Hier würde
offenbar die Rotation bei dem Hin- und Hergang ver-
doppelt werden. Hieraus schliesst Faraday, dass die
Molecüle des Terpentinöles, welche durch ihre natürliche
Kraft Drehung hervorbringen, und diejenigen, welche das
nur in Folge der Magnetisirung thun, nicht in demselben
Zustande sein können. Dieselbe Bemerkung ist auf alle
Körper anzuwenden, welchen die natürliche Fähigkeit, die
Polarisationsebene zu drehen, zukommt.

Und nun machte er sich mit ausnehmender Einsicht
und Geschicklichkeit daran, diese Schlüsse praktisch zu ver-
werthen. Er versilberte die Enden von seinem Stück schweren Glases, jedoch so, dass eine kleine Fläche nahe an zwei
diagonal gegenüberstehenden Kanten unbedeckt blieb.

Hierauf leitete er seinen Strahl durch diese unver-
silberte Stelle, und indem er dem Glase eine passende
Neigung gab, liess er den Strahl zuerst direct in sein
Auge gelangen, und dann nach zwei, vier oder sechs Spiegelungen; letztere entsprachen einem einmaligen, drei-,
fünf- und siebenmaligen Durchgang des Strahles durch
die Länge des Glases. Auf diese Weise stellte er durch
bestimmte Messung fest, dass die Drehung genau propor-

tional ist der Länge, welche der polarisirte Strahl zurück-
gelegt hat.  So betrug die Rotation in einer Reihe von
Versuchen für den directen Strahl 12°; nach dem drei-
maligen Hindurchgehen durch das Glas erreichte dieselbe
36° und endlich nach dem fünfmaligen Hindurchgehen 60°.

Selbst wenn diese Methode, die Wirkung zu verstärken, angewendet wurde, gelang es ihm bei verschiedenen
festen Substanzen nicht, irgend welche Wirkungen hervorzubringen, und namentlich bei Anwendung von Luft gelang es ihm nicht, auch nur die kleinste bemerkliche
Drehung zu erreichen, obwohl er die Wirkung mittels der
wiederholten Spiegelungen aufs Aeusserste zu treiben
sich bemühte.

Diese misslungenen Versuche Faraday's, eine Wirkung in Gasen hervorzubringen, scheinen die wahre Natur
dieser Erscheinungen anzuzeigen.  Der leuchtende Aether
umgiebt die Theilchen der Materie und wird von ihnen
beeinflusst.  Die Symmetrie des einen zieht die des andern nach sich. Wenn die Molecüle eines Krystalles vollkommen symmetrisch sind in Bezug auf irgend eine durch
den Krystall gezogene Linie, können wir sicher schliessen,
dass ein Strahl längs dieser Linie wie durch gewöhnliches
Glas gehen wird.  Er wird nicht doppelt gebrochen
werden. Aus der Symmetrie der bekannten flüssigen Figu-
ren, welche sich in den Gefrierungsebenen bilden, wenn
strahlende Wärme durch Eis geleitet wird, können wir
sicher auf die Symmetrie des molecularen Baues schliessen und daraus folgern, dass in dieser Linie, die zu den
Ebenen des Gefrierens senkrecht ist, keine doppelte
Brechung eintritt, sondern dass sie mit einem Worte die
optische Axe des Krystalles ist. Dasselbe gilt von der Linie,
welche die einander gegenüberliegenden stumpfen Winkel

eines Krystalls von Kalkspath verbindet. Da die Stellung
der Molecüle gegen diese Linie symmetrisch ist, so theilt
die Anordnung des Aethers, welche von der der Molecüle
abhängt, auch deren Symmetrie, und es besteht demnach
kein Grund, warum die Wellenlänge sich mit dem Azimuth
rings um diese Linie ändern sollte. — Die Molecüle von
langsam gekühltem Glase sind symmetrisch um jede Linie,
welche durch dasselbe gezogen werden kann, gruppirt;
deshalb findet keine doppelte Brechung bei demselben
statt. Aber so wie die Substanz nach einer Richtung
gezerrt oder gepresst wird, ist die Symmetrie der Molecüle
und mit ihr die des Aethers augenblicklich zerstört, und
das Glas wird doppelte Refraction zeigen. Ungleiche Erwärmung bringt dieselbe Wirkung hervor. So werden
mechanische Spannungen durch optische Wirkungen
offenbar; und es ist kein Zweifel, dass es die magnetische Spannung in Faraday's Versuchen ist, welche
die Rotation der Polarisationsebene hervorbringt.*)

---

*) Das Vermögen der Doppelbrechung, welche dem Centrum eines
Glasstabes mitgetheilt wird, wenn man ihn den tiefsten seiner durch
Längsschwingungen hervorgebrachten Töne angeben lässt, und die Abwesenheit dieses selben Vermögens bei schwingender Luft (welche in eine
gläserne Orgelpfeife eingeschlossen ist) scheint dem Eintreffen und Nicht-
eintreffen der Faraday'schen Wirkung bei diesen beiden Substanzen
analog zu sein.

Faraday hat es meines Wissens niemals, auch nicht im Gespräche,
versucht, ein Bild des molecularen Zustandes in seinem schweren Glase,
wenn dasselbe einem magnetischen Einflusse ausgesetzt ist, zu geben. In
einer mathematischen Untersuchung über diesen Gegenstand, welche in
den Proceedings der Royal Society 1856 veröffentlicht wurde, gelangt
Sir William Thomson zum Schlusse, dass das magnetische Medium sich
in einem Zustande molecularer Drehung befinde.

## Entdeckung des Diamagnetismus. Untersuchungen über Magnetismus in Krystallen.

---

Faraday's nächster grosser Schritt auf dem Felde der Entdeckungen kündigte sich durch eine Abhandlung über den magnetischen Zustand aller Materie an, welche der Royal Society am 18. December 1845 mitgetheilt wurde. Eine Hauptursache seiner Erfolge war die Anwendung aussergewöhnlicher magnetischer Kraft. Wie ich bereits bemerkte, nahm er niemals eine negative Antwort auf einen Versuch an, ehe er nicht alle ihm zu Gebote stehenden Hülfsmittel in's Feld geführt hatte. Er hatte oftmals Stahlmagnete und gewöhnliche Elektromagnete auf verschiedene Substanzen einwirken lassen ohne jedoch irgend etwas zu entdecken, was von der gewöhnlichen magnetischen Anziehung, die einige von ihnen zeigten, verschieden gewesen wäre. Stärkere Einwirkung aber brachte eine neue Erscheinung hervor. Er hing ein Fragment seines berühmten schweren Glases vor dem Pole eines Elektromagneten auf, und beobachtete, dass dasselbe sich bei gehöriger Erregung des Magneten sichtlich von dem Pole entfernte. Es war dies ein deutlicher Fall von magnetischer Abstossung. Er hing

hierauf ein Stück dieses Glases zwischen zwei Polen auf;
das Glas entfernte sich bei Erregung der Pole und stellte
sich mit seiner Längsrichtung äquatorial, d. h. recht-
winklig gegen die Verbindungslinie der Pole. Wenn ein
gewöhnlicher magnetischer Körper auf diese Weise aufgehängt wurde, stellte er sich stets axial, d. h. von Pol
zu Pol, ein. Faraday nannte diejenigen Körper, welche
durch die Pole eines Magneten abgestossen wurden, diamagnetisch, und gab hier dieser Benennung einen andern
Sinn, als früher in seiner Abhandlung über die Magnetisation des Lichtes. Die Benennung magnetisch gab
er nur solchen Körpern, welche die gewöhnliche Anziehungskraft zeigten. Später benutzte er den Ausdruck
magnetisch, um alle Erscheinungen von Anziehung und
Abstossung zu umfassen; und den Ausdruck paramag-
netisch, um magnetische Wirkungen, wie die des Eisens,
zu bezeichnen.

Vereinzelte Erfahrungen von Brugmanns, Becquerel, le Baillif, Saigy und Seebeck hatten die Existenz einer abstossenden Kraft, welche der Magnet auf
zwei oder drei Substanzen ausübt, bereits erkennen lassen;
allein diese Beobachtungen, die Faraday nicht kannte,
waren ohne weitere Untersuchung oder Verallgemeinerung
geblieben. Sobald Faraday eine solche Thatsache einmal
in Händen hatte, so erweiterte und vermehrte er unmittelbar ihre Tragweite. Er unterwarf die verschiedenartigsten
Körper der Wirkung seines Magneten: Mineralische Salze,
Säuren, Alkalien, Aetherarten, Alkohole, wässerige Lösungen, Glas, Phosphor, Harze, fette und ätherische Oele,
animalische und vegetabilische Gewebe, und fand sie ins-
gesammt empfänglich für magnetische Einflüsse. Kein
bekannter fester oder flüssiger Körper erwies sich unem-
pfindlich gegen die magnetische Kraft, sobald dieselbe in

gehöriger Stärke angewendet wurde. Alle Gewebe des
menschlichen Körpers, sogar das Blut, obwohl es Eisen
enthält, erwiesen sich als diamagnetisch. Wenn man
einen Menschen zwischen die Pole eines Magneten auf-
hängen könnte, so würden Kopf und Füsse sich von den
Polen so lange entfernen, bis seine Länge äquatorial gerichtet wäre. Bald nachdem Faraday seine Untersuchungen über den Diamagnetismus begonnen hatte, bemerkte
er eine eigenthümliche Erscheinung, welche mir auch auf
folgende Weise schon vorgekommen war: Als ich im
Jahre 1849 im Laboratorium meines Freundes des Pro-
fessors Knoblauch in Marburg arbeitete, hing ich eine
kleine Kupfermünze zwischen die Pole eines Elektromagneten auf. Nach Erregung des Magneten bewegte sich
die Münze in der Richtung nach den Polen hin und hielt
dann plötzlich inne, als ob sie gegen ein Kissen angeprallt
wäre. Bei Unterbrechung des Kreislaufes wurde die
Münze so heftig abgestossen, dass sie sich mehrmals um
ihre Aufhängungsaxe umdrehte. Ein in ähnlicher Weise
aufgehängter Silbergroschen zeigte dieselben Erscheinungen. Ich glaubte einen Augenblick, es sei dies eine neue
Entdeckung, allein indem ich die einschlägige Literatur
durchsah, wurde ich gewahr, dass Faraday bei seinen
Untersuchungen über den Diamagnetismus dieselbe Wirkung bereits bemerkt und erklärt hatte. Seine Erklärung gründete sich auf seine eigene grosse Entdeckung
der magnetelektrischen Strömungen. Diese Wirkung
ist höchst eigenthümlich. Selbst wenn man ein mehrere
Pfund schweres Kupfergewicht zwischen den elektromagnetischen Polen in Umdrehung versetzt, hört bei Erregung des Magneten die Drehung augenblicklich auf.
Obgleich dem Auge nichts verändert erscheint, bewegt
sich doch das Kupfer im erregten magnetischen Felde

wie in einer zähen Flüssigkeit; und wenn man ein flaches
Metallstück wie eine Säge zwischen den Polen hin und
hergehen lässt, so macht das Sägen im magnetischen
Felde den Eindruck, als ob man Käse oder Butter
schnitte\*). Die wirkliche Reibung des magnetischen
Feldes ist so stark, dass das Kupfer durch seine schnelle
Drehung zwischen den Polen wahrscheinlich geschmolzen
werden könnte. Wir können dieses Experiment leicht
damit abfertigen, dass wir sagen, die Wärme sei den im
Kupfer erregten elektrischen Strömungen zuzuschreiben;
allein so lange wir ausser Stande sind, eine Antwort auf
die Frage: „Was ist ein elektrischer Strom?" zu geben,
so lange ist diese Erklärung nur provisorisch. Ich für
meinen Theil blicke mit vielem Interesse und Hoffnung
auf die sonderbare hier erwähnte Erscheinung.

Faraday's Gedanken arbeiteten instinctmässig Plane
zu neuen Versuchen aus, so dass selbst solche Gegenstände, welche dem gewöhnlichen Verstande in kürzester
Frist erschöpft zu sein scheinen, unter seiner Behandlung
sich als fast unerschöpflich zeigten. Er hat jetzt einen
Zweck ins Auge gefasst, zu dessen Erreichung der erste
Schritt darin besteht, zu beweisen, dass das Princip
des Archimedes auch im Gebiete des Magnetismus sich
bestätigt. Er stellt magnetische Lösungen in verschiedener Stärke her, setzt dieselben zwischen die Pole seines
Magnetes, und hängt in den Lösungen verschiedene magnetische Körper auf. Er beweist, dass, wenn die Lösung
stärker ist, als der hineingetauchte Körper, der letztere,
selbst wenn er magnetisch ist, abgestossen wird; und dass,
wenn ein längliches Stück dieses Körpers von der Lösung
umgeben ist, sich dieses wie ein diamagnetischer Körper

---

\*) Siehe: Wärme eine Art der Bewegung, §. 36.

zwischen den erregten Polen äquatorial einstellt. Derselbe Körper, in einer schwächeren Lösung aufgehängt, wird als ein Ganzes angezogen, während ein längliches Stück desselben sich axial einstellt.

Und nun drängen theoretische Fragen auf ihn ein. Ist diese neue Kraft eine wirkliche Abstossung, oder beruht sie nur auf einer Differenz der Anziehungen? Könnte die anscheinende Abstossung der diamagnetischen Körper nicht in Wahrheit der grössern Anziehung des umgebenden Mediums zugeschrieben werden? Er stellt die Versuche im luftleeren Raume an, allein die Wirkung ist unmerklich. Er ist nicht geneigt, dem Raume oder einem hypothetischen Medium, das den Raum anfüllen könnte, Anziehungskraft zuzuschreiben, deshalb neigt er mehr, jedoch noch immer mit Vorsicht, zu der Meinung hin, dass die Wirkung des Magneten auf Wismuth eine wirkliche und einfache Abstossung und nicht bloss das Resultat verschiedener Anziehung sei. Und dann stellt er eine theoretische Ansicht auf, welche genügt, um die Erscheinung zu erklären. „Theoretisch,“ sagt er, „könnte man die Erklärung der Bewegungen der diamagnetischen Körper und aller dynamischen Erscheinungen, welche von der Wirkung der Magnete auf dieselben herrühren, auf die Annahme gründen, dass die magnetische Induction diese Körper in einen Zustand versetzt, welcher dem entgegengesetzt ist, der in anderen Körpern durch sie hervorgebracht wird.“ Das heisst, während bei der gewöhnlichen magnetischen Einwirkung der erregende Pol in seiner Nähe den entgegengesetzten Magnetismus inducirt, so ist in diamagnetischen Körpern der Magnetismus gleichartig dem des zunächst stehenden Poles.

Diese Annahme umgekehrter Polarität scheint bei Faraday niemals sehr tief eingedrungen zu sein; und

seine eigenen Versuche trugen nicht dazu bei, Beweise
ihrer Wahrheit zu liefern. Er gab sie deshalb späterhin
auf, und hielt an der Nichtpolarität der diamagnetischen
Kraft fest. —

Er betrat sodann ein neues, wenn auch verwandtes
Gebiet der Forschung. Nachdem er sich mit den Metallen und ihren Verbindungen beschäftigt hatte, und
alle, welche in den Bereich seiner Beobachtung gelangt
waren, unter die zwei Rubriken magnetisch und diamagnetisch gebracht hatte, begann er die Untersuchung der
Erscheinungen an Krystallen, welche dem magnetischen
Einflusse ausgesetzt wurden. Die Vorgänge in Krystallen
waren theilweise theoretisch von Poisson*) vorausgesagt,
und thatsächlich von Plücker entdeckt worden, dessen
schöne Resultate damals alle Naturforscher höchlichst
interessirten. Faraday war oft über das Verhalten des
Wismuths, eines sehr krystallinischen Metalles, erstaunt
gewesen. Zuweilen hatten sich längliche Massen dieser
Substanz nicht äquatorial einstellen wollen, zuweilen
stellten sie sich hartnäckig schräg, zuweilen sogar wie
ein magnetischer Körper von Pol zu Pol ein. „Diese Wirkung," sagt er, „kommt bei einem einzigen Pole auch vor;
und es ist alsdann auffallend, zu beobachten, wie ein langes
Stück eines so diamagnetischen Körpers abgestossen wird
und doch in demselben Augenblick mit Kraft in axiale
Stellung gedreht wird, das Ende dem Pole zugekehrt,
wie es bei einer magnetischen Substanz der Fall sein
würde." Diese Wirkung machte ihn stutzig, und in seinen
Bemühungen, sich aus dieser Verlegenheit zu befreien,
wendete er seine Aufmerksamkeit auch den kleinsten
Zügen dieser neuen Kraftäusserung zu. Seine Versuche

*) Siehe: Sir William Thomson, über magnet-krystallische Wir-
kungen. Phil. Mag. 1851.

sind in einer Abhandlung, welche der Royal Society am
7. December 1848 mitgetheilt wurde, beschrieben.

Ich habe selbst längere Zeit über Magnetismus in
Krystallen gearbeitet, erleuchtet durch Faraday's und
Plücker's Untersuchungen. Die hier vorliegenden Abhandlungen waren vor 18 oder 19 Jahren Tag und Nacht
Gegenstand meines Studiums, aber selbst heute noch
setzen sie mich in Erstaunen, so oft ich sie auch durch-
gelesen habe. Jeder auf den Gegenstand bezügliche Umstand, jede leise Abweichung im Verhalten der Substanzen, jede Veränderung in der Stärke der Wirkung, ja
fast jede mögliche Anwendung des Magnetismus, um diese
neue Kraft im Einzelnen zur Erscheinung zu bringen,
sind auf das Genauste darin beschrieben. Das Feld ist ganz
rein gefegt, und kaum bleibt für den Aehrenleser noch
ein Experiment übrig. Die Erscheinungen, schliesst
Faraday, sind durchaus verschieden von denen des
Magnetismus und des Diamagnetismus; sie scheinen uns
thatsächlich „eine neue Kraft oder eine neue Form der
Kraft in den Molecülen der Materie darzubieten," welche
er der Bequemlichkeit halber mit einer neuen Benennung
„der magnet-krystallischen Kraft" bezeichnete.

Er betrachtete den Krystall unter der Einwirkung
des Magneten. Von der Masse desselben geht er in der
Idee zu dessen Atomen über, und fragt sich, ob die Kraft,
welche dergestalt auf die krystallinischen Molecüle wirkt,
nachdem diese bereits in ihrer eigenthümlichen Stellung
durch die krystallisirende Kraft fixirt worden sind, nicht
im Stande wäre, die Anordnung der Molecüle im freien
Zustande zu bestimmen. Er lässt Wismuth schmel-
zen, um seine Atome frei zu machen. Er setzt die ge-
schmolzene Substanz zwischen die Pole eines mächtig
erregten Elektromagneten; allein es gelingt ihm nicht

irgend eine Wirkung zu beobachten. Zweifelsohne findet
meines Erachtens hier eine Einwirkung statt, da eine wirk-
same Ursache vorhanden ist; allein dieselbe ist zu schwach,
als dass sie gegenüber von der Krystallisationskraft, welche
im Vergleich mit der diamagnetischen ungeheuer gross
ist, merklich in Betracht käme. „Vielleicht," fügt Faraday hinzu, „könnte ein besseres Resultat erlangt
werden, wenn mehr Zeit gestattet und wenn ein perma-
nenter Magnet angewendet würde. Ich hatte grosse
Hoffnungen auf diesen Vorgang gesetzt." Diese und
ähnliche in seinen Schriften enthaltene Aeusserungen
sind ein neues Beispiel davon, dass seine Versuche stets
durch seine theoretischen Anschauungen veranlasst und
geleitet wurden. Sein Geist trug sich mit vielen Hoffnungen und Hypothesen, allein er unterwarf dieselben
immer der Probe durch das Experiment. Eine Aufzäh-
lung seiner projectirten und wirklich ausgeführten Versuche würde ohne Zweifel ein starkes Verhältniss ge-
täuschter Hoffnungen aufweisen im Vergleiche mit denen,
welche sich erfüllten, allein jedes Gelingen verwischte
bei ihm die Erinnerung an das Misslingen, und der Sieg
verschlang bei ihm die Enttäuschung.

Nach der Beschreibung des allgemeinen Charakters
dieser neuen Kraft bespricht Faraday auf folgende
nachdrückliche Weise die Art ihrer Wirkung: „Das Gesetz der Wirkung scheint zu sein, dass die Richtung oder
Axe der magnet-krystallischen Kraft (welche die Resul-
tirende von der Wirkung aller Molecüle ist) sich gegen die
magnetische Curve oder der Richtung der magnetischen
Kraftlinie, die durch den Ort des Krystalles geht, parallel
oder tangential zu stellen strebt."

Die magnet-krystallische Kraft scheint ihm überdies
sich ausdrücklich von den magnetischen und diamagne-

tischen Kräften zu unterscheiden, indem sie weder Annäherung noch Entfernung verursacht, nicht in Anziehung
oder Abstossung besteht, sondern darin, dass sie den
unter ihrem Einflusse befindlichen Massen eine bestimmte
Richtung giebt. Hierauf fährt er fort „sehr sorgfältig zu
untersuchen und zu beweisen, dass diese Kraft nichts zu
thun hat mit anziehenden oder abstossenden Einwirkun-
gen." Mit erfinderischem Scharfsinne zeigt er, wie unter
gewissen Umständen die magnet-krystallische Kraft Ursache sein kann, dass der Schwerpunkt eines sehr magnetischen Körpers sich von den Polen entfernt, und
dass der Schwerpunkt eines sehr diamagnetischen Körpers sich denselben nähert. Durch diese Versuche
wurzelte die Ueberzeugung immer fester in seinem
Geiste, dass weder Anziehung noch Abstossung die Stellung und schliessliche Lage des Krystalles im magnetischen Felde bestimme. Die Kraft, welche dieses
bewirkt, ist deshalb in ihrem Charakter und ihren Wirkungen verschieden von der magnetischen und diamagnetischen Form der Kraft. „Auf der andern Seite,"
fährt er fort, „steht sie in ganz deutlicher Verbindung mit
der krystallinischen Structur des Wismuth und anderer
Körper, und deshalb auch mit der Kraft, wodurch ihre
Moleküle im Stande sind, krystallinische Massen auf-
zubauen."

Hier folgt nun eine von jenen Aeusserungen, welche
für Faraday's Begriffe von der Kraft im Allgemeinen so
charakteristisch sind: — „Es ist mir unmöglich, eine
andere Vorstellung von diesen Resultaten zu gewinnen,
als dass eine gegenseitige Reaction der magnetischen
Kraft und der Molecularkraft der Krystalle auf einander
stattfindet." Er beweist, dass die Wirkung der Kraft,
obwohl in diesem Sinne molecular, doch eine Wirkung

in die Entfernung ist; und zeigt, dass ein Wismuthkrystall
eine frei aufgehängte Magnetnadel zwingen kann, sich
parallel zu seiner magnet-krystallischen Axe einzustellen.
Wenige unter unseren Zeitgenossen vermögen sich einen
Begriff zu machen, wie schwierig es ist, solche Resultate
zu erlangen, oder welche unendliche Feinheit zu derar-
tigen Versuchen gehört. „Allein, obwohl sie so den
Charakter einer in die Ferne wirkenden Kraft annimmt,
ist sie dennoch derjenigen Kraft der Theilchen zuzuschreiben, die diese in regelmässiger Ordnung zusammen-
hängen lässt und der Masse ihre krystallinische Anordnung verleiht, welche Kraft wir bei anderen Gelegenheiten
die Kraft der Molecularanziehung nennen, und von der
wir so oft behaupten, sie wirke nur in verschwindend
kleinen Distanzen.“    Auf diese Weise grübelt er über
diese neue Kraft und betrachtet sie aus allen möglichen
Gesichtspunkten. Versuch folgt auf Versuch und Gedanke
auf Gedanke. Er will den Gegenstand nicht verlassen,
so lange er noch Hoffnung hat, mehr Licht darüber zu
verbreiten. Er kennt wohl die abnorme Art der Folgerungen, zu welchen seine Versuche ihn leiten. Allein für
ihn ist das Experiment entscheidend, und er scheut sich
nicht vor dem daraus folgenden Schlusse. „Diese Kraft,“
sagt er, „scheint mir sehr eigenthümlich und auffallend in
ihrem Charakter. Sie ist nicht polar, denn sie zeigt
weder Anziehung noch Abstossung.“    Hierauf fragt er,
als ob seine eigene Aeusserung ihn erschreckt hätte: „Welches ist die Natur der Bewegungskraft, welche den Krystall umdreht, und verursacht, dass er auf den Magneten
wirkt?“... „Ich erinnere mich nicht,“ fährt er fort, „je zuvor
eines Falles wie des gegenwärtigen, wodurch ein Körper
ohne Anziehung oder Abstossung zu erfahren nur in eine
bestimmte Stellung gebracht wird.“

Der berühmte Geometer Plücker, der viele Jahre
seines Lebens mit besonderer Ausdauer und grossem Erfolge der Experimentalphysik widmete, besuchte Faraday
zu jener Zeit und wiederholte seine schönen Versuche
über optische Wirkungen des Magnetismus vor ihm.
Faraday wiederholte und bestätigte Plücker's Beobachtungen, und kam zu dem zuvor etwas angezweifelten
Schlusse, dass die Plücker'schen Resultate und die
magnet-krystallische Kraft einen und denselben Ursprung hätten.

Wenn Faraday am Schlusse seiner Abhandlungen
einen letzten Blick auf diese Reihe von Untersuchungen
wirft, und dann seine Augen auf die Zukunft richtet, stellt
er etliche Betrachtungen an, die ebenso sehr in das Reich
der Empfindungen als das der Wissenschaft gehören.
„Ich kann diese Reihe von Untersuchungen nicht ab-
schliessen," sagt er am Schlusse seiner ersten Abhandlung über die magnet-krystallische Kraft, „ohne zu bemerken, wie rasch die Kenntniss der Molecularkräfte bei
uns gewachsen ist, und wie schnell sich die Wichtigkeit
jedes neuen Fundes entfaltet, und wie grosse Anziehungskraft jeder neue Gegenstand des Studiums gewinnt. Noch
vor wenigen Jahren war der Magnetismus für uns eine
verborgene Kraft, welche nur auf wenige Körper ein-
wirkte, jetzt hat sich gezeigt, dass er alle Körper beeinflusst, mit Elektricität, Wärme, chemischer Wirkung, Licht
und Krystallisationskraft und durch diese mit den Kräften,
die den Zusammenhang der Körper bestimmen, in genaue-
ster Verbindung steht; und unter den gegenwärtigen Verhältnissen müssen wir uns zur Fortsetzung unserer Anstrengungen angetrieben fühlen mit der ermuthigenden
Hoffnung, noch ein Band der Vereinigung zwischen dem
Magnetismus und der Schwerkraft aufzufinden."

# Nachträgliche Bemerkungen.

Es wird mir vielleicht ein kleiner Raum verstattet werden, um den weitern Fortschritt einer Untersuchung, an welcher Faraday lebhaftes Interesse nahm, zu schildern. Bunsen's Ruf als Lehrer zog mich im Jahre 1848 nach Marburg, um daselbst zu studiren. Bunsen benahm sich mir gegenüber eben so sehr als Bruder wie als Lehrer; und ausserdem war es mir noch vergönnt, die Bekanntschaft von Professor Knoblauch, der sich durch seine Untersuchungen über strahlende Wärme so sehr ausgezeichnet hat, zu machen, und seine Freundschaft zu erwerben. Plücker's und Faraday's Untersuchungen erfüllten damals die ganze wissenschaftliche Welt, und gegen Ende des Jahres 1849 begann ich mit Professor Knoblauch eine gemeinschaftliche Untersuchung der ganzen Frage. Es war eine lange Uebung nöthig, um uns die gehörige Meisterschaft darüber zu verleihen. Nach einer von Dove vorgeschlagenen Methode untersuchten wir die optischen Eigenschaften unserer Krystalle; und diese optischen Beobachtungen gingen Hand in Hand mit unsern magnetischen

Versuchen. Die Anzahl derselben war sehr gross, allein
es dauerte geraume Zeit, ehe eine wichtige neue Thatsache den bereits veröffentlichten hinzugefügt werden
konnte. Endlich jedoch waren wir so glücklich, einige
Krystalle zu finden, deren Verhalten nicht unter die von
Plücker aufgestellten Gesetze des magnetischen Verhaltens der Krystalle gebracht werden konnte. Ausserdem
entdeckten wir Beispiele, welche uns zu der Vermuthung
führten, dass die magnetische Kraft der Krystalle keineswegs unabhängig sei vom Magnetismus oder Diamagnetismus der Masse des Krystalles, wie man das behauptet
hatte. In der That, je länger wir über den Gegenstand
arbeiteten, desto klarer erschien es uns, dass das Verhalten der Krystalle im magnetischen Felde nicht einer
zuvor unbekannten Kraft, sondern einer Modification der
bekannten Kräfte des Magnetismus und Diamagnetismus
durch das krystallinische Gefüge zuzuschreiben sei.

Ein hervorragendes Beispiel von magnet-krystalli-
scher Wirkung war der von Plücker angeführte und auch
von Faraday untersuchte isländische Spath. Er ist, was
man in der Optik einen negativen Krystall zu nennen
pflegt, und nach dem Plücker'schen Gesetze sollte die
Axe eines solchen stets durch den Magnet abgestossen
werden. Allein wir zeigten, dass man nur entweder ganz
oder theilweise den kohlensauren Kalk durch kohlensaures
Eisenoxydul zu ersetzen, und so den magnetischen, aber
nicht den optischen Charakter der Krystalle zu verändern brauche, um eine Anziehung der Axe hervorzubringen. Dass das Verhalten magnetischer Krystalle genau
entgegengesetzt ist dem der diamagnetischen Krystalle,
welche mit dem magnetischen isomorph sind, erwies sich
als ein allgemeines Gesetz dieser Wirkungen. In allen
Fällen stellt sich die Linie, welche in einem diamagne-

tischen Krystall äquatorial gerichtet wird, in einem iso-
morphen magnetischen Krystall axial ein. Durch mechanischen Druck konnte man andere Körper auch zu
einem ähnlichen Verhalten, wie das des isländischen
Spathes bringen.

Diese und andere auf dieselbe Frage bezügliche Resultate wurden damals sowohl in dem „Philosophical Magazine" als in Poggendorff's Annalen veröffentlicht; und
ich setzte die Untersuchungen über Magnetismus und
Diamagnetismus später in dem Laboratorium von Professor Magnus in Berlin fort.  Nachdem ich Deutschland verlassen hatte, begab sich Dr. Bence Jones im
December 1851 nach der preussischen Hauptstadt, um
die berühmten Versuche von Du Bois Reymond zu
sehen; und vielleicht durch das, was er hörte, bestimmt,
forderte er mich späterhin auf, eine Freitag-Abend-Vor-
lesung in der Royal Institution zu halten.  Ich nahm die
Aufforderung an, jedoch nicht ohne Furcht und Zittern;
denn die Royal Institution war für mich damals eine
Art von Drachenhöhle, worin mich nur Kraft und Takt
vor dem Untergange retten konnten.  Am 11. Februar
1853 wurde die Rede gehalten und verlief glücklich.  Ich
erwähne dieser Umstände nur, um zeigen zu können, dass,
obwohl es Ziel und Zweck dieser Vorlesung war, Faraday's und Plücker's Ansichten anzufechten, und im Ge-
gensatze dagegen meine Ueberzeugung vom wahren Sach-
verhalte geltend zu machen, ich doch keinerlei Aerger
oder Feindschaft dadurch in Faraday erweckte.  Am
Schlusse der Vorlesung verliess er seinen gewohnten Platz,
schritt quer über die Bühne zu der Ecke, wohin ich mich
zurückgezogen hatte, schüttelte mir die Hand und führte
mich zurück zum Tische.  Späterhin wagte ich es noch
einmal, in Bezug auf eine verwandte Frage und zwar

noch ausdrücklicher, von seiner Meinung abzuweichen.
Ich that es im Vertrauen auf seine Charaktergrösse, und
mein Vertrauen ward gerechtfertigt. Diese meine
öffentlich geäusserte Meinungsverschiedenheit berührte
ihn empfindlich, und ich bedauerte später aufs Tiefste,
ihm eine auch nur momentane Unannehmlichkeit verursacht zu haben. Die Verstimmung war indessen wirklich
nur momentan. Seine Seele war über jede Kleinlichkeit
erhaben und gegen allen Egoismus gestählt. Sein Beneh-
men gegen mich blieb sich vor- und nachher völlig gleich,
und die zufällige Aeusserung, wodurch ich erfuhr, dass
meine Meinungsverschiedenheit ihm schmerzlich gewesen,
war voll Güte und Freundlichkeit.

Es bedurfte späterhin langer Anstrengungen, um die
Verwicklungen der magnet-krystallischen Wirkung zu ent-
wirren und um die grosse Masse von Thatsachen, welche Faraday und Plücker ans Licht gefördert hatten unter die
Herrschaft von einfachen Grundgesetzen zu bringen. Becquerel, Reich und ich bewiesen, dass der Zustand der
diamagnetischen Körper, in Folge dessen sie durch die Pole
eines Magneten abgestossen werden, gerade durch diese Pole
in denselben erregt wird; dass die Intensität dieses Zustandes mit der Kraft des einwirkenden Magneten stieg und fiel
und demselben proportional war. Die Abstossung erfolgte
demnach nicht in Folge einer dauernden Eigenthümlichkeit
des Wismuths, wodurch dasselbe von vornherein fähig gewesen wäre, durch den Magneten bewegt zu werden, dann würde
nämlich die Abstossung einfach proportional der Stärke des
einwirkenden Magneten gewesen sein, während der Versuch
zeigte, dass sie wie das Quadrat der Stärke des Magneten
wuchs. Die Fähigkeit, abgestossen zu werden, war demnach
keine dem Wismuth innewohnende, sondern eine inducirte. So weit war also eine Identität der Wirkung zwischen

7*

magnetischen und diamagnetischen Körpern festgestellt.
Hierauf wurde das Verhalten sowohl „normaler“ und „ab-
normer“ als krystallinischer, nicht krystallinischer und
einseitig gepresster magnetischer Körper mit dem Verhalten von diamagnetischen, krystallinischen und nicht
krystallinischen und gepressten Körpern verglichen; und
durch eine Reihe von Versuchen, welche im Laboratorium
dieses Institutes angestellt wurden, stellte sich eine vollständig gegensätzliche Analogie zwischen Magnetismus
und Diamagnetismus fest. Bei beiden zeigte sich namentlich auch Polarität, und dabei erwies sich die Theorie
der umgekehrten Polarität, welche zuerst von Faraday
vorgebracht worden war, als wahr. Es entspann sich eine
sehr lebhafte Discussion über diese Frage. Auf dem Continente war Professor Wilhelm Weber der bedeutendste
und erfolgreichste Verfechter der Lehre von der diamagnetischen Polarität; und auch die letzten Forderungen
der Gegner von der diamagnetischen Polarität befriedigte
er mittels eines Apparates, welchen er selbst erdacht
hatte, und der unter seiner Aufsicht durch Leyser in
Leipzig ausgeführt worden war. Die Feststellung dieses
Punktes war absolut nothwendig zur Erklärung der magnet-krystallischen Wirkungen.

Mit dem bewunderungswürdigen Instincte, welcher
Faraday stets leitete, hatte er die Möglichkeit wo nicht
Wahrscheinlichkeit gesehen, dass die diamagnetische Kraft
im Innern nach verschiedenen Richtungen durch die Masse
eines Krystalles mit verschiedener Stärke wirkt. In seinen
Studien über Elektricität hatte er eine thatsächliche Antwort auf die Frage, ob krystallinische Körper nicht speci-
fisch verschiedene inductive Fähigkeiten nach verschiedenen
Richtungen hin besässen, gesucht, doch gelang es ihm
nicht, eine solche Verschiedenheit festzustellen. Auch seine

ersten Versuche, um im Wismuth eine Verschiedenheit der
diamagnetischen Wirkung nach verschiedenen Richtungen
hin zu finden, misslangen; allein er schien zu fühlen,
dass dies ein Punkt von höchster Wichtigkeit sei, denn
er kehrte 1850 zu der Frage zurück, und bewies alsdann, dass das Wismuth nach verschiedenen Richtungen
hin in verschiedenem Grade abgestossen würde. Es war,
als bestände der Krystall aus zwei diamagnetischen Körpern von verschiedener Stärke, und als würde die Substanz stärker quer gegen die magnet-krystallische Axe abgestossen, als in Richtung derselben. Unabhängig hiervon
erlangte ich dieselben Resultate etwas später, und dehnte
dieselben noch auf andere sowohl magnetische als diamagnetische und auf einseitig gepresste Körper aus.

Das Gesetz der Wirkung in Bezug auf diesen Punkt
ist, dass in diamagnetischen Krystallen die Linie, in deren
Richtung die Abstossung ein Maximum ist, sich äquatorial
im magnetischen Felde einstellt, während in den magnetischen Krystallen die Linie, entlang welcher die Anziehung ein Maximum ist, sich von Pol zu Pol einstellt.
Faraday hatte gesagt, dass die magnetische Kraft der
Krystalle weder Anziehung noch Abstossung sei; und so
weit hatte er Recht. Sie war keines von beiden einzeln
genommen, allein sie war beides. Durch die Verbindung der Lehre von der diamagnetischen Polarität mit
diesen verschiedenen Anziehungen und Abstossungen, und
dadurch, dass gehörige Aufmerksamkeit auf den Zustand
des magnetischen Feldes verwendet wurde, erhielt jede
Thatsache, welche im Bereiche der magnet-krystallischen
Wirkungen zu Tage kam, ihre volle Erklärung. Auch die
räthselhaftesten unter diesen Thatsachen erwiesen sich
als Wirkungen von Kräftepaaren, welche von der nach-
gewiesenen Polarität sowohl des Magnetismus als des

Diamagnetismus hervorgerufen wurden. In der That
bildet die Vollständigkeit, mit welcher Faraday's Experimente erklärt wurden, den auffallendsten Beweis der
wunderbaren Präcision, womit dieselben ausgeführt worden waren.

# Magnetismus von Flammen und Gasen. Atmosphärischer Magnetismus.

Faraday's Einbildungskraft war immer thätig, um die möglichst ausgedehnten Anwendungen von den gewonnenen Versuchsergebnissen zu machen. Ich kenne Niemand, dessen Geist bei der Berührung mit einer neuen Wahrheit gleiche Kraft und Schnelligkeit des Generalisirens gezeigt hätte. Zuweilen habe ich die Wirkung seiner Versuche auf seinen Geist mit der eines sehr entzündlichen Stoffes verglichen, welchen man in einen Schmelzofen wirft; das Hinzukommen jeder neuen Thatsache entwickelte augenblicklich Licht und Wärme darin. Das Licht entsprang dem Geiste und half ihm, weit über die Grenzen der Thatsachen hinauszusehen, die Wärme aber entsprang dem Gemüthe und trieb ihn an, das neu geoffenbarte Bereich ganz zu erobern. Allein obwohl seine Einbildungskraft unbegrenzt war, zügelte er sie dennoch wie ein gewaltiger Reiter, und erlaubte ihr nie, seinen Verstand aus dem Sattel zu werfen. In Folge dieses weiten Umblickes, welchen ihm seine lebhafte Phantasie verlieh, erhob er sich von den kleinsten Anfängen

zu den erhabensten Zielen. Nachdem er durch Zante-
deschi erfahren hatte, dass Bancalari den Magnetismus
der Flamme entdeckt habe, wiederholte er dessen Versuche und erweiterte deren Ergebnisse. Er ging von
den Flammen zu den Gasen über, wies auch in diesen
magnetische und diamagnetische Kräfte nach und schwang
sich dann plötzlich von seinen Sauerstoff- und Stick-
stoffbläschen zur atmosphärischen Umhüllung der Erde
und deren Verhältniss zu der grossen Frage vom Erdmagnetismus auf. Die Schnelligkeit, womit diese stets
wachsenden Gedanken die Form von Versuchen annahmen,
hat nicht ihres Gleichen. Seine Kraft in dieser Beziehung
zeigt sich oft am auffallendsten in seinen kleineren Untersuchungen, und vielleicht nirgends mehr als in seiner
Abhandlung: „Ueber den diamagnetischen Zustand der
Flamme und der Gase", welche er in Form eines an
Mr. Rich. Taylor gerichteten Briefes im Philos. Magazine
im December 1847 veröffentlichte. Nachdem er die Resultate von Bancalari geprüft, verändert und ausgedehnt
hatte, untersuchte er erwärmte Luftströme, hervorgebracht
durch Platinaspiralen, welche im magnetischen Felde be-
findlich und durch Elektricität zum Glühen gebracht
worden waren. Hierauf untersuchte er das magnetische
Verhalten der Gase im Allgemeinen. Beinahe alle diese
Gase sind unsichtbar, und trotzdem musste er ihnen
auf ihren unsichtbaren Pfaden nachspüren. Er konnte
dies nicht in der Weise ausführen, dass er Rauch mit
seinen Gasen vermischte, denn die Wirkung seiner Magnete auf den Rauch hätte seine Schlüsse gestört. Er
„fing" deshalb seine Gase in Röhren; dann entfernte er
diese aus dem magnetischen Felde, und prüfte nachher
entfernt vom Magneten die Natur des aufgefangenen
Gases.

Er bestimmte die verschiedene Wirkung der Gase, indem er ein Gas in das andere tauchte, und erreichte wunderbare Resultate hierdurch. Die wichtigsten darunter sind vielleicht diejenigen über atmosphärische Luft und deren zwei Bestandtheile. Sauerstoff wurde in verschiedenster Umgebung sehr stark durch den Magneten angezogen; in Leuchtgas zum Beispiel war er kräftig magnetisch, während Stickstoff sich diamagnetisch verhielt. Einige der Wirkungen, welche er mit Sauerstoff in Leuchtgas erhielt, waren ausserordentlich schön. Wenn die Dämpfe von Salmiak, (einer diamagnetischen Substanz) mit dem Sauerstoff vermischt wurden, verhielt sich die Salmiakwolke in ganz eigenthümlicher Weise. — „Die Anziehung von Eisenfeilspänen gegen einen magnetischen Pol ist nicht auffallender“, sagt Faraday, „als die Erscheinung, welche der Sauerstoff unter diesen Umständen darbietet.“

Während er dieses Verhalten beobachtete, stieg sofort die Frage in ihm auf: Könnte man nicht den Sauerstoff der Luft von ihrem Stickstoff durch die magnetische Analyse trennen? Eben dieses beständige Auffinden solcher Fragen macht den grossen Experimentator aus. Der Versuch, die atmosphärische Luft durch magnetische Kraft zu zerlegen, misslang, wie der frühere Versuch, die Krystallisation durch den Magneten zu beeinflussen. Wir haben damals bemerkt, dass die verhältnissmässig ungeheure Grösse der Krystallisationskraft dafür der Grund sei, dass der Magnet gar keinen Einfluss auf die moleculare Anordnung geltend mache; im gegenwärtigen Falle wird die magnetische Zerlegung gehemmt durch die Kraft der Diffusion, welche ebenfalls verhältnissmässig sehr stark ist. Dieselbe Bemerkung ist auf einen andern, von Faraday später ausgeführten Versuch anwendbar, Wasser ist diamagnetisch, Eisenvitriol sehr stark magnetisch. Er goss eine verdünnte Lösung von Eisenvitriol in eine Röhre und setzte das untere Ende der Röhre zwischen die Pole eines mächtigen hufeisenförmigen Magneten mehrere Tage lang, allein es gelang ihm nicht, eine Concentration der Lösung in der Nähe des Magneten hervorzubringen. Auch hier war die Diffusionskraft des Salzes zu mächtig für die Kraft, die ihr entgegen stand.

Der hier erwähnte Versuch ist in einer der Royal Society am 2. August 1850 vorgelegten Abhandlung beschrieben, wo er die Untersuchung über den Magnetismus der Gase weiter verfolgt. Er erwähnte sehr oft Newton's Beobachtungen über Seifenblasen. Sein Entzücken über Seifenblasen kam dem eines Knaben gleich; er benutzte sie oft in seinen Vorlesungen und liess sie mit Luft angefüllt auf einer unsichtbaren See von Kohlensäure schwimmen und benutzte sie auch anderweitig als Erläuterungsmittel. Er fand die Seifenblasen nun vom höchsten Nutzen bei seinen Versuchen über den magnetischen Zustand der Gase. Eine Luftblase, die sich in dem mit Luft angefüllten magnetischen Felde befand, erlitt keine Einwirkung ausgenommen durch die schwache Abstossung ihrer Hülle. Eine Stickstoffblase hingegen wurde von der magnetischen Axe mit weit grösserer Heftigkeit als früher die Luftblase abgestossen. Das Verhalten des Sauerstoffes in der Luft war sehr eigenthümlich, die Blase wurde nämlich zwischen die Pole und gegen deren Axenlinie plötzlich und heftig hineingezogen, als ob der Sauerstoff im höchsten Grade magnetisch wäre. —

Seine nächste Arbeit betrifft jetzt die Festsetzung des wahren magnetischen Nullpunktes; eines Problems, das nicht so leicht ist, als es im ersten Augenblick scheinen könnte. Denn die Wirkung des Magneten auf irgend

welches Gas, das von Luft oder einem andern Gase
umgeben ist, rührt nur von der Differenz der Anziehung her, und wenn man den Versuch in einem luftleeren Raume machte, so würde das Resultat durch die
Wirkung der Hülle, die in diesem Falle eine gewisse
Decke haben müsste, gestört werden. Während Faraday
diesen Gegenstand behandelt, macht er einige bemerkenswerthe Aeusserungen über den Raum. In Bezug auf
Torricelli's Vacuum sagt er: „Vielleicht ist es kaum
nöthig, zu bemerken, dass ich sowohl Eisen als Wismuth
in solchen leeren Räumen dem Magneten vollkommen
gehorsam sah. Sowohl aus solchen Versuchen als aus allgemeinen Beobachtungen und Erfahrungen geht hervor,
dass die magnetischen Kraftlinien, ebenso wie die Schwerkraft und die Anziehung ruhender Elektricität durch
den leeren Raum gehen. Deshalb hat der Raum seine
eigenen magnetischen Beziehungen, welche wir wahrscheinlich späterhin von der höchsten Wichtigkeit in den
Naturerscheinungen finden werden."

„Allein diese Eigenschaft des Raumes ist nicht dieselbe, die wir in Beziehung auf die Materie mit den Ausdrücken magnetisch und diamagnetisch zu bezeichnen
suchen. Diese beiden verwechseln hiesse die Materie und
den Raum verwechseln und alle die Begriffe verwirren,
durch welche wir uns bemüht haben, die Wirkungsweise
und die Gesetze der Natur zu verstehen, und uns davon
eine immer klarere Ansicht herauszuarbeiten. Es wäre,
als ob man bei der Schwerkraft oder den elektrischen
Kräften die auf einander wirkenden Theilchen mit dem
Raum, in welchen sie wirken, verwechseln wollte, wodurch
man, meiner Ansicht nach, dem Fortschritte die Thür
schliessen würde. Der blosse Raum kann nicht wirken,
wie die Materie; sogar wenn man der Hypothese eines

Aethers den weitesten Spielraum lässt; und sogar diese Hypothese angenommen, würde es eine bedenkliche neue Zugabe sein, vorauszusetzen, dass die magnetischen Kraftlinien vom Aether fortgeleitete Schwingungen sind, da wir wenigstens bis jetzt noch keinen Beweis haben, dass ihre Verbreitung eine gewisse Zeit erfordert, noch wissen in welcher Hinsicht sie ihrem allgemeinen Charakter nach anderen Kraftlinien ähnlich oder von ihnen verschieden sein mögen, wie denen der Gravitation, des „Lichtes oder der Elektricität".

Er nimmt an, der leere Raum zeige den wahren magnetischen Nullpunkt; allein er geht in seinen Fragen weiter, um zu ermitteln, ob es unter den materiellen Substanzen nicht solche gebe, welche dem Raum ähnlich wären. Wenn Sie seinen Versuchen folgen, werden Sie bald das Licht seiner Erfolge leuchten sehen. Ein horizontales Stäbchen wurde an einem Strang ungesponnener Seide aufgehängt. Am Ende des Stäbchens wurde ein $1\frac{1}{2}$ Zoll langes Querholz befestigt. Röhren von ausserordentlich dünnem Glase, welche mit verschiedenen Gasen angefüllt und hermetisch verschlossen waren, wurden paarweise an die Enden des Querholzes aufgehängt. Die Lage des Aufhängungspunktes war eine solche, dass die beiden Röhren auf der entgegengesetzten Seite und in gleicher Entfernung von der magnetischen Axe sich befanden, d. h. von der Linie, welche die beiden nahe zusammen liegenden Polpunkte eines Elektromagneten verbindet. Seine Absicht war, die magnetische Wirkung auf die Gase in den beiden Röhren zu vergleichen. Wenn die eine Röhre mit Sauerstoff, die andere mit Stickstoff angefüllt war, so wurde beim Hinzukommen der magnetischen Kraft der Sauerstoff an die Axe herangezogen, während der Stickstoff abgestossen wurde. Indem man das Aufhängungs-

stück des Fadens drehte, konnte man die Röhren in ihre
ursprüngliche Stellung gleichen Abstandes zurückführen,
wobei es offenbar ist, dass die Wirkung der Glashüllen
sich gegenseitig aufhob. Die Grösse der Drehung, welche
nöthig war, um die Gleichheit der Entfernung wieder
herzustellen, war der Ausdruck der magnetischen Differenz der verglichenen Substanzen.

Nun verglich er Sauerstoff mit unter Druck befind-
lichem Sauerstoff. Eine seiner Röhren enthielt das Gas
unter Druck von 30 Zoll Quecksilber, eine andere unter
Druck von 15 Zoll, eine andere unter 10 Zoll Druck,
während eine andere so weit ausgepumpt war, als eine
gute Luftpumpe es zu thun im Stande war.

„Die Wirkung war sehr auffallend, als man die erste
Röhre mit den drei anderen verglich." Sie wurde bei er-
regtem Magnet von der Axe angezogen, während die
Röhre, welche das dünnere Gas enthielt, anscheinend abgestossen wurde — je grösser der Unterschied in der
Dichtigkeit der Gase war, desto stärker war auch die
Lebhaftigkeit dieser Wirkung. Und nun beobachten Sie
seine Art, einen materiellen magnetischen Nullpunkt
ausfindig zu machen. Wenn ein Gefäss mit Stickstoff,
umgeben von Luft, ins magnetische Feld gebracht wurde,
so entfernte sich dasselbe vom Magneten beim Eintritt
der magnetischen Erregung. Ein weniger scharfsinniger
Beobachter würde den Stickstoff für diamagnetisch gehalten haben; allein Faraday wusste, dass ein Zurückweichen
innerhalb eines Mediums, das theilweise aus Sauerstoff
bestand, der Anziehung dieses letztern Gases, nicht aber
der Abstossung des in dasselbe eingetauchten Gases zuzuschreiben sei. Wäre der Stickstoff wirklich diamagnetisch, so müsste ein mit solchem verdichteten Gas ange-
fülltes Glaskügelchen, z. B. eine Thermometerkugel, eine mit

dünnerm Gase angefüllte überwinden. Von dem Quer-
holze seiner Torsionswage hing er seine Glaskügelchen
voll Stickstoff in gleichen Entfernungen von der Axe auf,
und fand, dass die Verdichtung oder Verdünnung des
Gases in den Kugeln auch nicht den leisesten Einfluss aus-
übte. Bei Entwicklung der magnetischen Kraft blieben
die Kugeln in ihrer ersten Stellung, sogar wenn die eine
mit Stickstoff angefüllt, die andere so viel als möglich
von demselben entleert worden war. Stickstoff wirkte
in der That gerade „wie der Raum" und war weder magnetisch noch diamagnetisch.

Faraday konnte nicht wohl die paramagnetische
Kraft des Sauerstoffs mit der von Eisen direct vergleichen
in Folge der ungeheuren magnetischen Intensität dieser
letztern Substanz; allein es gelingt ihm sie mit dem Eisenvitriol zu vergleichen, und er findet bei gleichem Volu-
men den Sauerstoff eben so magnetisch, als eine Lösung
von Eisenvitriol in Wasser, welche siebenzehn Mal das Gewicht des Sauerstoffs in krystallisirten Eisenvitriol oder
3,4 Mal ihr Gewicht in metallischem Eisen in diesem
Verbindungszustande enthält. Durch die Biegung, welche
eine feine Glasfaser erleidet, findet er, dass die Anziehung seiner Kugel voll Sauerstoff, welche nur 0,117
eines Grans des Gases enthält, während ihr mittlerer Ab-
stand von der magnetischen Axe etwas mehr als einen
Zoll betrug, der Schwere derselben Masse Sauerstoff ungefähr gleich ist. Diese Thatsachen konnten keinen Augenblick in Faraday's Geist ruhen, ohne die ausgedehnte
Anwendung zu finden, welche ich bereits erwähnt habe.
„Es ist kaum nöthig," sagt er, „hier zu bemerken, dass
dieser Sauerstoff nicht in der Atmosphäre bestehen, und
einen so hohen Grad von magnetischer Kraft besitzen
kann, ohne einen sehr wichtigen Einfluss auf die Dispo-

sition des Magnetismus unseres Planeten auszuüben, besonders wenn man sich erinnert, dass der magnetische
Zustand des Sauerstoffs durch Veränderungen der atmosphärischen Dichtigkeit und der Temperatur wesentlich
beeinflusst wird. Ich glaube hier die wirkliche Ursache
von den vielen Veränderungen dieser Kraft zu sehen,
welche so sorgfältig beobachtet worden sind und noch
werden. Sowohl die täglichen als die jährlichen Veränderungen scheinen unter ihrem Einflusse zu stehen; ebenso
viele der fortwährenden unregelmässigen Veränderungen,
welche die photographischen Registrirmethoden so vortrefflich zeigen. Wenn solche Erwartungen bestätigt
werden, und wenn der Einfluss der Atmosphäre genügend
befunden wird, um solche Resultate hervorzubringen, dann
werden wir wahrscheinlich eine neue Beziehung zwischen
dem Nordlichte und dem Erdmagnetismus finden, eine Beziehung nämlich, welche mehr oder weniger durch die Luft
in Verbindung mit dem Raume oberhalb derselben hergestellt wird; und es ist möglich, dass sogar solche magnetische
Verhältnisse und Veränderungen, wovon man jetzt noch gar
nichts ahnt, durch die weitere Entwicklung dessen, was
ich den atmosphärischen Magnetismus nennen will,
aufgefunden und zur Beobachtung und Messung geschickt
gemacht werden. Vielleicht bin ich zu sanguinisch in
meinen Erwartungen, aber vor der Hand werde ich darin
bestärkt durch die anscheinende Wirklichkeit, Einfachheit und durch die Zulänglichkeit der angenommenen Ursache, so wie dieselbe gegenwärtig meinem Geiste erscheint.
Sobald ich diese Ansichten einer genauen Betrachtung
unterworfen, und die Probe von der Richtigkeit dieser
Annahmen durch Beobachtungen, und wo immer thunlich,
durch Versuche gemacht haben werde, soll es mir eine
Ehre sein, dieselben der Royal Society vorzulegen."

Zwei sehr ausgearbeitete Abhandlungen werden hierauf dem atmosphärischen Magnetismus gewidmet; wovon
die erste am 9. October, die zweite am 19. November 1850
der Royal Society eingeschickt wurde. In diesen Schriften
bespricht er die Wirkungen von Wärme und Kälte auf
den Magnetismus der Luft, und die Wirkungen auf die
Magnetnadel, welche von Temperaturveränderungen der
Atmosphäre hervorgerufen werden müssen. Durch die
Convergenz und die Divergenz der magnetischen Kraftlinien
der Erde zeigt er, wie die Vertheilung des Magnetismus
in der Erdatmosphäre beeinflusst wird. Er benutzt seine
Ergebnisse zu der Erklärung der jährlichen und täglichen
magnetischen Veränderung, und beschäftigt sich auch mit
unregelmässigen Aenderungen mit Einschluss der magnetischen Stürme. Er bespricht ausführlich Beobachtungen, die zu St. Petersburg, Greenwich, Hobarton, St. He-
lena, Toronto und am Cap der guten Hoffnung angestellt
waren, im Glauben, dass die Thatsachen, welche sich bei
seinen Versuchen gezeigt hatten, für die an diesen Orten
beobachteten Veränderungen den Schlüssel enthielten.

Im Jahre 1851 hatte ich in Berlin die Ehre einer
Unterredung mit Humboldt; seine Abschiedsworte lau-
teten damals: „Sagen Sie Faraday, dass ich ganz mit
ihm übereinstimme, und dass er meiner Meinung nach
die Aenderungen der Declination vollständig erklärt hat."
Seitdem haben mich andere bedeutende Männer versichert,
Humboldt habe damals seine Meinung zu voreilig ausgesprochen. In der That verloren Faraday's Ansichten
über den atmosphärischen Magnetismus viel (vielleicht zu
viel) von ihrer Bedeutung dadurch, dass die Beziehung
entdeckt wurde, welche zwischen den Aenderungen der
Declinationsverschiedenheiten und der Zahl der Sonnen-
flecken besteht. Allein ich stimme mit ihm und Mr. Ed-

mond Becquerel, der unabhängig von Faraday über
diesen Gegenstand arbeitete, in der Ansicht überein, dass
ein so magnetischer Körper wie der Sauerstoff, welcher
die Erde umgiebt und welcher den jährlichen und täglichen
Veränderungen der Temperatur unterworfen ist, nothwen-
digerweise von Einfluss auf die Aeusserungen des Erdmagnetismus sein muss *). Die Luft, welche über einem einzigen Quadratfuss der Erdoberfläche steht, ist nach Faraday in Beziehung auf ihre magnetische Kraft äquivalent
einer Masse von 8160 Pfd. krystallisirten Eisenvitriols.
Solch eine Substanz kann in Bezug auf das Verhalten
der Magnetnadel nicht absolut neutral sein. Allein Faraday's Schriften über diesen Gegenstand sind so um-
fangreich, und die theoretischen Gesichtspunkte sind so
neu und verwickelt, dass ich die vollständige Analyse
dieser Untersuchungen auf eine Zeit verschieben will, wo
mir meine anderen Pflichten gestatten werden, denselben
besser gerecht zu werden, als mir dies jetzt möglich ist.

---

*) Diese Ueberzeugung ist kürzlich noch bedeutend durch eine Ab-
handlung von Mr. Baxendell verstärkt worden.

## Speculationen. Ueber die Natur der Materie. Kraftlinien.

Das wissenschaftliche Bild von Faraday wäre nicht vollständig ohne eine Bezugnahme auf seine theoretischen Auslassungen. Am 19. Januar 1844 eröffnete er die wöchentlichen Abende der Royal Institution durch einen Vortrag, dessen Titel war: „Eine Speculation über elektrische Leitung und die Natur der Materie." In diesem Vortrag versucht er nicht nur Dalton's Atomtheorie umzustürzen, sondern auch eine Umkehrung aller allgemein angenommenen Ideen über das Wesen und die Beziehungen von Kraft und Stoff zu bewirken. Er missbilligte die Anwendung des Ausdrucks Atom. „Ich habe noch Niemanden gefunden," sagt er, „welcher denselben von den ihn begleitenden verführerischen Vorstellungen frei zu halten vermocht hätte; und es ist wohl kein Zweifel, dass die Bezeichnungen bestimmte Mischungsverhältnisse, Aequivalente etc., welche alle Thatsachen, die man gewöhnlich in der Chemie als Atomtheorie zu bezeichnen pflegt, vollständig ausdrückten und auch noch ausdrücken, deshalb aufgegeben wurden, weil sie nicht genügten, um Alles das

auszudrücken, was Derjenige, der dafür das Wort Atom
einführte, sich dabei dachte."

Es möge mir hier ein Augenblick verstattet werden,
um meine eigene Ansicht über Faraday's hierauf bezügliche Stellung auszusprechen. Das Wort „Atom" wurde
nicht blos an Stelle bestimmter Mischungsverhältnisse oder
Aequivalente gebraucht. Diese Ausdrücke repräsentirten
Thatsachen, welche aus der Atomtheorie folgten, aber
nicht gleichbedeutend mit ihr waren. Thatsachen allein
können den Geist nicht befriedigen; und nachdem das Gesetz der bestimmten Mischungsverhältnisse einmal festgestellt war, konnte die Frage: „Warum muss die Verbindung nach diesem Gesetze erfolgen?" nicht umgangen
werden. Dalton beantwortete diese Frage durch die
Aufstellung der Atomtheorie, deren Grundgedanke, meiner
Ansicht nach, vollkommen sicher ist. Faraday's Ein-
wurf gegen Dalton könnte mit demselben Rechte gegen
Newton vorgebracht werden; man könnte in Bezug auf
die Planetenbewegungen sagen, dass die Kepler'schen
Gesetze die Thatsachen feststellen und dass die Hypothese von der Existenz der Gravitation nur ein Zusatz zu
diesen Thatsachen sei. Allein dies ist das Wesen jeder
Theorie. Die Theorie ist der Rückschluss von der Thatsache auf das Princip; die Vermuthung oder Ahnung in
Bezug auf Etwas, das hinter den Thatsachen liegt, und
woraus diese in nothwendiger Folge entspringen. Wenn
Dalton's Theorie also Rechenschaft giebt von den bestimmten Mischungsverhältnissen, welche bei chemischen
Verbindungen beobachtet werden, so beruht ihre Rechtfertigung auf derselben Grundlage, wie die des Princips der Gravitation. Genau genommen kann man in beiden
Fällen nur sagen, dass die Thatsachen so erfolgen, als
ob das Princip wirklich bestände.

Die Art und Weise, wie Faraday gewöhnlich seine
Hypothesen behandelte, zeigt sich sehr klar in dieser
Vorlesung. Er wendete sie fortdauernd an, um Gesichtspunkte für neue Versuche zu gewinnen; allein ebenso
unablässig riss er sie auch wieder ein, wie ein Baumeister
das Gerüste nach Beendigung des Gebäudes entfernt.
„Ich kann nicht umhin, zu bezweifeln," sagt er, „dass derjenige, welcher als reiner Theoretiker eine grosse Fähigkeit besitzt, die Geheimnisse der Natur zu durchdringen,
und durch Hypothesen ihre Art der Thätigkeit zu errathen, auch zugleich für sich und Andere besonders vorsichtig sein wird, diejenige Art des Wissens, welche in
Annahmen besteht, womit ich Theorie und Hypothese
meine, zu unterscheiden von dem Wissen, was sich auf
Gesetze und Thatsachen bezieht." Faraday selbst —
„errieth beständig nach Hypothesen" und gewann
durch theoretische Ahnungen den ersten Halt für neue
experimentelle Ergebnisse.

Ich habe bereits öfter erwähnt, mit welcher Lebhaftigkeit er sich moleculare Zustände vergegenwärtigte;
und wir werden ein schönes Beispiel von der Stärke und
Lebhaftigkeit seiner Einbildungskraft in der folgenden
„Speculation" finden. Er streitet wider den Begriff, dass
die Materie aus Theilchen besteht, welche nicht in abso-
lutem Zusammenhang stehen, sondern durch Atomzwi-
schenräume getrennt sind. „Der Raum," bemerkt er,
„muss als der einzige zusammenhängende Theil eines
so construirten Körpers angesehen werden. Der Raum
durchdringt alle materiellen Massen in jeder möglichen
Richtung wie ein Netz, nur bildet er Zellen anstatt
Maschen; er isolirt jedes Atom von seinem Nachbar, und
nur er selbst ist zusammenhängend."

Lassen Sie uns diese Begriffe weiter ausführen. „Be-

trachten wir," sagt er, „den Fall eines Nichtleiters für Elektricität, zum Beispiel Schellack mit seinen Molecülen und
molecularen Zwischenräumen, welche durch die Masse
gehen. In diesem Falle muss der Raum als Isolator
wirken; denn wenn er ein Leiter wäre, müsste er einem
feinen metallischen Gewebe ähnlich sein, welches den
Lack in jeder möglichen Richtung durchdringt. Aber die
Thatsache ist, dass er dem Wachs im schwarzen Siegel-
lack ähnlich ist, welches die durch seine Masse zerstreuten
Kohletheilchen umgiebt und isolirt. Beim Schellack wirkt
der Raum demnach als Isolator. Nun aber, nehmen
wir den Fall eines leitenden Metalles. Auch hier haben
wir, wie zuvor, jedes Atom eingehüllt durch den Raum.
Wenn er hier ein Isolator wäre, so könnte keine Ueberführung der Elektricität von Atom zu Atom stattfinden.
Diese Ueberführung findet jedoch statt, also ist der
Raum ein Leiter." Auf diese Weise sucht er die Atomtheorie zu zerbröckeln. Er sagt: „Das Raisonnement
über diese Theorie bringt eine völlige Umkehrung derselben zu Stande; denn wenn der Raum ein Isolator ist,
kann er in leitenden Körpern nicht bestehen; und wenn
er ein Leiter ist, kann er in isolirenden Körpern nicht bestehen." „Eine Grundlage," fügt er, von der Hitze des
Streites fortgerissen, hinzu, „die zu solchen Folgerungen
führt, muss an und für sich falsch sein."

Er stösst hierauf die Atomtheorie zwischen den Hör-
nern seines Dilemmas hin und her. „Was wissen wir,"
fragt er, „von dem Atom, getrennt von seiner Kraft?
Denkt man sich einen Kern $a$ umgeben von seinen Kräften,
welche man $m$ nennen kann, so verschwindet für mich
der Kern $a$, und die Substanz besteht in den Kräften $m$.
In der That, welchen Begriff können wir uns von dem
Kerne unabhängig von seinen Kräften machen? Was

bleibt für den Gedanken denn übrig, woran wir die Vorstellung von einem $a$ knüpfen könnten, welches unabhängig von den anerkannter Maassen vorhandenen Kräften
existirte." Er leugnet, wie Boscovich, das Atom und
setzt ein „Kraftcentrum" an dessen Stelle. Muthig und
gerade heraus, wie gewöhnlich, treibt er seine Folgerungen
bis zu ihren äussersten Consequenzen. „Diese Ansicht
von der Beschaffenheit der Materie," fährt er fort, „würde
nothwendig den Schluss nach sich ziehen, dass die Materie den ganzen Raum, oder wenigsten allen Raum, auf
welchen die Schwere sich ausdehnt, erfüllt; denn die
Schwere ist eine Eigenschaft der Materie, welche von
einer gewissen Kraft abhängt, und diese Kraft eben constituirt die Materie. Von diesem Gesichtspunkte aus ist
die Materie nicht nur gegenseitig durchdringlich*), sondern
jedes einzelne Atom dehnt sich so zu sagen durch das
ganze Sonnensystem aus, doch so, dass es immer sein
eigenes Kraftcentrum beibehält."

Wenn wir Faraday's spätere Untersuchungen betrachten, müssen wir bedenken, dass wir mit den Opera-
tionen eines Geistes zu thun haben, der mit solchen tiefen,
fremdartigen und feinen Gedanken angefüllt war. Ein ähnlicher Gedankengang spricht sich in einem Briefe von ihm
aus, welcher an Herrn Rich. Philipps gerichtet war, und
in dem Philosophical Magazine im Mai 1846 abgedruckt
wurde. Er trägt die Ueberschrift: „Gedanken über
Schwingungsstrahlen," und enthält eine der eigenthüm-
lichsten Speculationen, die jemals von einem wissenschaftlichen Kopfe ausging. Wir müssen uns hier erinnern,

---

*) Er vergleicht die Durchdringung zweier Atome dem Verschmelzen
zweier Wellen, welche, wenn sie auch für einen Augenblick zu einer
einzigen Masse vereinigt sind, doch ihre Individualität bewahren und sich
später wieder von einander trennen.

dass Faraday, obwohl er in solchen Speculationen
lebte, sie nicht hoch anschlug, und dass er jeden Augenblick bereit war, dieselben zu ändern oder fallen zu lassen.
Sie spornten ihn an, aber hinderten ihn nicht. Seine
theoretischen Begriffe waren immer im Flusse; und
wenn andere weniger bewegliche Geister es versuchten,
diese flüssigen Bilder fest zu machen, so empörte er sich
dagegen. Ausserdem warnte er Philipps, dass er von
Anfang bis zu Ende „nur seine unbestimmten Geisteseindrücke als einen Gegenstand der Speculation vorgebracht
habe, und dieselben keineswegs als Resultate fertiger
Ueberlegung oder fester Ueberzeugung, oder auch nur als
einen bereits von ihm erreichten wahrscheinlichen Schluss
habe geben wollen.“

Das Wesen dieser Mittheilung besteht darin, dass
die Schwerkraft durch den Raum hin in Linien wirkt,
und dass die Schwingungen von Licht und strahlender
Wärme in den Erschütterungen dieser Kraftlinien bestehen.
„Diese Vorstellung,“ sagt er, „falls sie angenommen wird,
macht den Aether entbehrlich, welcher einer andern
Ansicht nach für das Medium gilt, in welchem diese
Schwingungen stattfinden.“ Und weiter fügt er hinzu,
dass seine Ansicht „danach strebt, den Aether, aber nicht
die Schwingungen zu entfernen.“ Die hier ausgedrückte
Idee bildet die natürliche Ergänzung seiner frühern
Vorstellung, dass die Schwerkraft die Materie constituirt,
und dass jedes Atom so zu sagen sich durch das ganze
Sonnensystem ausdehnt.

Der Brief an Herrn Philipps schliesst mit folgender
schönen Stelle:

„Es ist sehr wahrscheinlich, dass ich in den vorhergehenden Seiten mancherlei Irrthümer begangen habe,
denn sogar mir selbst erscheinen meine Ideen über diesen

Gegenstand nur wie der Schatten einer Speculation, oder
wie einer jener Geisteseindrücke, welche man eine Zeitlang als Richtschnur für Untersuchungen und Gedanken
sich verstatten mag. Wer sich mit experimentellen Fragen beschäftigt, weiss, wie zahlreich solche Eindrücke sind,
und wie oft ihre Schönheit und scheinbare Anwendbarkeit
vor dem Fortschritte und der Entwicklung der wirklichen
natürlichen Wahrheit verschwinden."

Hier müssen wir daran erinnern, dass Faraday's
Ansichten in Bezug auf Kraft und Stoff sich ganz und gar
von denjenigen anderer Gelehrten unterschieden. Die
Kraft schien ihm ein Wesen, welches längs der Linie
existirt, in welcher es wirkt. Die Linien, in deren Richtung die Schwerkraft zwischen Sonne und Erde wirkt, erscheinen in seinem Geiste dargestellt wie ebenso viele ela-
stische Federn; ja, er betrachtet die angebliche Augenblick-
lichkeit in den Wirkungen der Schwerkraft als den Ausdruck
der ungeheuren Elasticität dieser „Linien der Schwere".
Diese Ansichten, fruchtbar für den Magnetismus, unfrucht-
bar, wenigstens für jetzt, in Bezug auf die Schwere, erklären seine Bemühungen diese letztere Kraft umzuformen.
Wenn er ins Freie geht und seine Spiralen zu Boden
fallen lässt, sieht er sie mit seinem geistigen Auge die
Linien der Schwerkraft durchschneiden; daher seine
Hoffnung und Ueberzeugung, dass ein Erfolg hervorgebracht werden müsse. Man darf nie vergessen, dass
Faraday's Schwierigkeit, mit diesen Begriffen fertig
zu werden, im Grunde dieselbe war, wie die Newton's;
dass er in Wahrheit immer versucht, diese Schwierigkeit zu überspringen, und damit gleichzeitig auch die
Grenzen zu überschreiten, die dem menschlichen Verstande wahrscheinlich gesetzt sind.

Die Idee der magnetischen Kraftlinien hatte Faraday

aus der linearen Anordnung der Eisenfeilspäne, welche
über einen Magnet hingestreut sind, geschöpft. Er bespricht und erläutert durch Abbildungen, wie sich die
Kraftlinien bald aneinander, bald auseinander drängen,
wenn dieselben durch magnetische und diamagnetische
Körper gehen. Diese Anschauungen von Concentration und
Divergenz der Linien sind auch auf die directe Beobachtung
von Eisenfeilspänen gegründet. Er dachte so lange über
diese Linien nach und zog sie fortdauernd herbei für seine
Versuche mit inducirten Strömen, dass ihre Verbindung
damit „unlöslich" wurde und er ohne dieselbe nicht mehr
denken konnte. Er schreibt: „Ich habe mich so sehr ge-
wöhnt dieselben anzuwenden, besonders bei meinen letzten
Untersuchungen, dass ich vielleicht unwillkürlich zu ihren
Gunsten eingenommen, und kein unparteiischer Richter
mehr bin. Ich habe jedoch immer gesucht, das Experiment zur Controle der Theorie und meiner Meinung zu
machen; aber weder dadurch noch durch strengste Discussion des Principes habe ich einen Irrthum in deren
Anwendung zu finden vermocht."

In seinen späteren Untersuchungen über die magnetische Kraft der Krystalle ist die Vorstellung von den
magnetischen Kraftlinien ausgiebig angewendet; ja, sie
führte ihn zu einem Versuch, der in der That an die
Wurzel der ganzen Frage rührt. In seinen hierauf folgenden Untersuchungen über atmosphärischen Magnetismus fand dieser Gedanke noch weitere Anwendungen
und erwies sich als wunderbar biegsam und brauchbar.
Ohne diese Vorstellung wäre in der That der Versuch,
die möglichen oder wirklichen magnetischen Wirkungen
der Atmosphäre zu ergründen, im höchsten Grade schwierig;
allein der Begriff der Kraftlinien, ihrer Convergenz und
Divergenz führt Faraday ohne Anstoss durch alle Ver-

wicklungen der Frage. Nach Beendigung dieser Untersuchungen widmet er sich der förmlichen Entwicklung
und Erläuterung seiner Lieblingsideen in einer Abhandlung, welche der Royal Society am 22. October 1851
übergeben wurde. — Dieselbe führt den Titel: „Ueber
magnetische Kraftlinien, ihren bestimmten Charakter
und ihre Vertheilung in einem Magneten und durch den
Raum." Tiefes Nachdenken bezeichnet diese Schrift
ganz besonders. Seine Versuche, die überraschend schön
und besonders bedeutsam sind, haben nur eine unter-
geordnete Wichtigkeit für ihn. Er beabsichtigt hauptsächlich die Nützlichkeit seiner Idee von den Kraftlinien
darzulegen. „Das Studium dieser Linien," sagt er „hat zu
verschiedenen Zeiten grossen Einfluss auf mich ausgeübt.
indem es mich zu mehreren Resultaten führte, welche
meines Bedünkens den Nutzen ebensowohl als die Fruchtbarkeit dieser Auffassung beweisen."

Faraday benutzte lange Zeit hindurch die Kraftlinien nur als eine „Hülfe für die Vorstellung". Er
schien eine Weile abgeneigt, wenigstens im Ausdruck,
weiter zu gehen, als bis zu den Linien selbst, wie weit
auch seine Ideen darüber hinausgehen mochten. Es ist
sicher, dass er glaubte, dieselben existirten zu allen
Zeiten rings um jeden Magneten und ganz unabhängig von der Anwesenheit irgend eines magnetischen
Stoffes, wie z. B. von Eisenfeilspänen, in der Umgebung des
Magneten. Ohne Zweifel erschien der Raum rings um
jeden Magneten seiner Einbildungskraft wie durchzo-
gen von schleifenförmigen Kraftlinien, allein er sprach
nur mit Zurückhaltung über das physische Substrat
dieser Schleifen. Man kann in der That zweifeln, ob die
physikalische Theorie der Kraftlinien sich mit irgend
welcher Bestimmtheit seinem Geiste zeigte. Er dachte

jedoch ganz gewiss an die Möglichkeit einer Mitwirkung
des Lichtäthers bei magnetischen Erscheinungen. „Wie
die magnetische Kraft durch Körper oder durch den Raum
übertragen wird, wissen wir nicht," schreibt er; „ob sie
nur das Resultat einer Wirkung in die Ferne ist, wie bei
der Schwerkraft, oder ob sich irgend ein leitendes Medium
einmischt, wie beim Lichte, der Wärme, den elektrischen
Strömen und (wie ich glaube) auch bei den elektrostati-
schen Vorgängen. Der Begriff der magnetischen Fluida,
wie manche ihn hegen, oder von magnetischen Mittel-
punkten begreift diese letztere Art der Uebertragung
nicht in sich, allein der Begriff der magnetischen
Kraftlinien thut es." Hierauf fährt er fort: „Ich
neige mehr zu der Ansicht, dass bei der Uebertragung
der (magnetischen) Kraft ein solches leitendes Medium
ausserhalb des Magneten mitwirkt, als dass die Wirkungen
nur eine Anziehung und Abstossung in die Entfernung
seien. Eine solche Veränderung könnte eine Wirkung des Aethers sein, denn es ist durchaus nicht
unwahrscheinlich, dass wenn es überhaupt einen
Aether giebt, dieser noch eine andere Verwen-
dung habe, als die blosse Fortführung des
Lichtes." Wenn er davon spricht, dass der Magnet in gewissen Fällen „zwischen seinen eigenen Kräften umläuft",
so scheint er eine ähnliche Vorstellung dabei zu haben.

Ein grosser Theil der im October 1851 beendigten
Untersuchung bestand in Versuchen über die Bewegungen
von Drähten um die Pole eines Magneten und umgekehrt.

Er leitete einen isolirten Draht längs der Axe eines
Magnetstabes vom Pol zu dessen Aequator, wo dann der
Draht aus dem Magneten heraustrat und so gebogen
wurde, dass die beiden Enden verbunden waren. Auf
diese Weise entstand ein vollständiger Stromkreis, wovon

kein Theil mit dem Magneten in Berührung war. Er
fand, dass wenn der Magnet und der äussere Draht zusammen in Drehung versetzt wurden, keine Strömung entstand; wenn hingegen der eine gedreht und der andere
in Ruhe gelassen wurde, so entstanden Strömungen. Er
liess dann den Draht in der Axe fort, und liess den Magneten selbst an seine Stelle treten, der Erfolg war derselbe *). Es war hier die relative Bewegung des Magneten und des Drahtes, welche eine Strömung hervorbrachte.

Die Kraftlinien haben ihre Wurzeln in dem Magneten; und obwohl sie sich in den unendlichen Raum
ausdehnen können, kehren sie doch eventuell zum Magneten zurück. Diese Linien können durchschnitten werden
nahe beim Magneten oder auf einige Entfernung von ihm.
Faraday fand die Entfernung ganz unwesentlich, so
lange die Zahl der durchschnittenen Linien dieselbe
war. Wenn zum Beispiel der Drahtbogen, welcher den
Aequator und den Pol seines Magnetstabes verband, eine
ganze Umdrehung um den Magnet ausführte, so war es
offenbar, dass alle Kraftlinien, welche vom Magneten ausgehen, einmal durchschnitten werden. Es ist ganz gleichgültig, ob der Drahtbogen zehn Fuss oder zehn Zoll lang
ist, ob und wie er gedreht und gewunden ist; es kommt
nicht darauf an, wie nahe oder wie fern von dem Magneten er sich befinden mag; eine Umdrehung bringt
immer dieselbe Menge strömender Elektricität hervor,
weil in allen Fällen alle Kraftlinien, die vom Magneten
ausgehen, einmal und nicht öfter durchschnitten werden.

Von dem äussern Theile des Stromkreises geht er
in Gedanken zu dem innern über, und verfolgt die Kraft-

*) In dieser Form ist der Versuch identisch mit einem zwanzig Jahre
früher gemachten. Siehe S. 28.

linien in den Körper des Magneten selbst. Sein Schluss
ist der, dass innerhalb des Magneten Kraftlinien von derselben Natur bestehen als ausserhalb. Ja, noch mehr,
ihrer Wirkungsgrösse nach sind sie genau den äusseren
gleich. Ihre Richtung hat eine bestimmte Beziehung zu
den äusseren und in der That sind sie Fortsetzungen
dieser letzteren..... Jede Kraftlinie also, in welcher Entfernung vom Magneten wir sie auch nehmen mögen, muss
als eine geschlossene Linie angesehen werden, welche in
einem Theil ihres Verlaufs durch den Magneten hinzieht
und einen gleichen Betrag von Kraft in jedem Theil ihrer
Länge vertritt. — Alle hier beschriebenen Resultate
wurden durch Bewegung von Metallen erlangt.
„Allein,“ fährt er mit grossem Scharfsinne fort, „blosse
Bewegung könnte eine Beziehung nicht hervorbringen,
welche nicht in einem vorausgegangenen Zustande begründet wäre, und deshalb müssen die ruhenden Metalle
in irgend einer Beziehung zu dem wirksamen Mittel-
punkte der Kraft, d. h. zu dem Magneten stehen.“ Er
berührt hier den Kern der ganzen Frage; und wenn wir
den Zustand feststellen können, in welchen der leitende
Draht gebracht wird, ehe er bewegt wird, dann werden
wir in der Lage sein, die physikalische Beschaffenheit
des durch die Bewegung erzeugten elektrischen Stromes
zu verstehen.

Bei dieser Untersuchung arbeitete Faraday mit
Stahlmagneten, deren Kraft mit der Entfernung vom
Magneten sich ändert. Hierauf suchte er ein gleich-
mässiges Feld magnetischer Kraft, und fand es im Raum,
wie derselbe vom Erdmagnetismus beeinflusst wird. Seine
nächste Abhandlung, die er der Royal Society am 31. December 1851 einschickte, behandelt „die Anwendung des
inducirten elektromagnetischen Stromes als Probe und

Maass für magnetische Kräfte." Er bildet Rechtecke und
Ringe, und sammelt durch einfache und sinnreiche Vor-
richtungen die entgegengesetzten Strömungen, welche
sich in denselben durch die Drehung quer gegen die
magnetischen Kraftlinien der Erde entwickeln. Er verändert die Gestalt seiner Rechtecke, während er ihren
Flächeninhalt constant erhält, und findet, dass derselbe
Flächeninhalt immer dieselbe Stromgrösse bei einer Drehung hervorbringt. Die Strömung hängt nur von der Zahl
der durchschnittenen Kraftlinien ab, und wenn diese Zahl
sich gleichbleibt, so bleibt auch die Stromgrösse gleich. So
hat er beständig die magnetischen Kraftlinien vor Augen;
mit ihrer Hülfe verbindet er seine Thatsachen, und durch
die von denselben ausgehende Inspiration dehnt er die
Grenzen unseres experimentellen Wissens unermesslich
aus. Die Genauigkeit und Schönheit der Ergebnisse dieser Untersuchung sind ganz ungewöhnlich.

Die Entdeckung der Magneto-Elektricität erscheint
mir, jemehr ich darüber nachdenke, als das grösste experimentelle Versuchsresultat, das je ein Naturforscher erreicht hat. Es ist der Mont Blanc unter Faraday's
eigenen Leistungen. Er arbeitete zwar stets auf erha-
benen Höhen, allein diese war die höchste, welche er jemals erreichte.

Anmerkung des Herausgebers. Indem Faraday statt des
Atoms ein Kraftcentrum setzt, geht ihm der Begriff der Masse und
ihrer Trägheit verloren, den die theoretische Mechanik nicht missen
kann, wenigstens nicht, wo es sich um die schweren Körper handelt. Im
Gebiete der elektrischen und magnetischen Wirkungen ist von einer Trägheit ihrer Masse nichts zu beobachten, und deshalb Faraday's Vorstellung zulässig. Wenn aber die Kraftlinien schwingen und Schwingungen
fortleiten sollen, so können sie dies nur, wenn sie selbst Beharrungsver-
mögen haben, d. h. eine Masse sind. Dann kommen wir wieder zur Vorstellung des Aethers zurück, d. h. der den Weltraum füllenden trägen,
wenn auch vielleicht nicht schweren Masse.

# Gleichartigkeit und Aequivalenz der Naturkräfte. Theorie des elektrischen Stromes.

Die Ausdrücke Gleichartigkeit und Aequivalenz sind in Bezug auf die Naturkräfte sehr oft in diesen Untersuchungen gebraucht worden, und Faraday's Abhandlungen enthalten manchen tiefen und schönen Gedanken über diesen Gegenstand. Neuere Untersuchungen haben jedoch unsere Kenntniss von den Wechselbeziehungen der Naturkräfte wesentlich vermehrt, und es dürfte wohl die Stelle sein, hier einige Worte hierüber zu sagen, um gewisse falsche Begriffe aufzuklären, welche bei den naturwissenschaftlichen Schriftstellern über diese Beziehungen zu bestehen scheinen. Der Gesammtvorrath an Arbeitskraft (Energie nach englischer Ausdrucksweise) in der Welt besteht aus Anziehungen, Abstossungen und Bewegungen. Wenn die Anziehungen und Abstossungen unter Verhältnissen wirksam sind, wo sie eine Bewegung hervorzurufen im Stande sind, so sind sie Quellen von Arbeitskraft, aber unter keinen anderen Umständen. Lassen Sie uns der Einfachheit halber unsere Aufmerksamkeit auf die Anziehungskräfte beschränken. Die Anziehung, welche zwischen der Erde und einem von der Erdoberfläche entfernten Körper besteht. ist eine Quelle von

Arbeitskraft, weil der Körper durch die Anziehungskraft
bewegt werden und im Herabfallen auf die Erde Arbeit
leisten kann. Wenn derselbe auf der Erdoberfläche ruht,
so ist er keine Quelle der Kraft, weil er nicht weiter zu
fallen vermag. Aber obwohl er aufgehört hat, eine Quelle
von Energie oder Arbeitskraft zu sein, wirkt die Anziehung der Schwere noch immer als eine Kraft, welche die
Erde und das Gewicht aneinander festhalten.

Dieselben Bemerkungen sind auf die Anziehung der
Atome und Molecüle anzuwenden. So lange ein Zwischenraum sie trennt, können sie sich, der Anziehung ge-
horchend, durch ihn hinbewegen; und die so erlangte Bewegung kann durch geeignete Einrichtung dazu gebracht
werden, mechanische Arbeit zu verrichten. Wenn, zum
Beispiel, zwei Wasserstoffatome sich mit einem Sauer-
stoffatom verbinden, um Wasser zu bilden, werden die
Atome zuerst gegen einander hingezogen; sie bewegen
sich, prallen auf einander, und in Folge ihrer Elasticität
prallen sie zurück und zittern. Dieser zitternden Bewegung geben wir den Namen Wärme. Diese zitternde
Bewegung ist nur eine andere Vertheilung der Bewegung,
welche durch die chemische Verwandtschaft erzeugt worden war; und nur in diesem Sinne kann man sagen, dass
die chemische Verwandtschaftskraft in Wärme verwandelt
wird. Wir dürfen uns nicht denken, die chemische Anziehungskraft sei zerstört oder in etwas anderes verwandelt worden. Denn die Atome werden, wenn sie sich
gegenseitig umfasst haben, durch eben die Anziehung zu-
sammengehalten, welche sie zuerst zu einander hintrieb.
Das, was wirklich verloren ist, ist die Möglichkeit den
Zug ferner noch durch denjenigen Raum hin auszuüben,
um welchen nun die Entfernung zwischen den Atomen
vermindert ist.

Ist dies verstanden, so darf man in diesem Sinne offenbar auch sagen, dass die Schwerkraft in Wärme verwandelt werden kann; dass sie ebensowenig ein abgesondertes und unverwandelbares Agens ist, wie man das zuweilen behaupten hört, als die chemische Verwandtschaftskraft. Durch Ausübung eines gewissen Zuges, durch einen gewissen Raum, wird bewirkt, dass ein Körper mit einer gewissen bestimmten Geschwindigkeit gegen die Erde anprallt. Hierdurch wird Wärme entwickelt, und nur in diesem Sinne kann man von der Schwerkraft sagen, sie werde in Wärme verwandelt. In keinem Falle wird die Kraft, welche die Bewegung erzeugte, vernichtet, oder in etwas Anderes verwandelt. Die gegenseitige Anziehung der Erde und des Gewichtes besteht, ob dieselben sich berühren, oder getrennt sind. Aber die Fähigkeit dieser Anziehung, sich zur Erzeugung von Bewegung geltend zu machen, existirt im ersteren Falle nicht.

Die Verwandlung kann in diesem Falle leicht von dem geistigen Auge erfasst werden. Zuerst wird das Gewicht, als ein Ganzes, durch die Anziehung der Schwerkraft in Bewegung versetzt. Diese Bewegung der Masse wird durch den Zusammenstoss mit der Erde aufgehalten, wobei sie zu Erschütterungen der Molecüle aufbrandet, welchen wir den Namen Wärme geben.

Wenn wir den Process umkehren, und diese Wärmeerschütterungen anwenden, um ein Gewicht in die Höhe zu heben, wie dies durch die Dazwischenkunft eines elastischen Fluidums in der Dampfmaschine geschieht, so wird ein bestimmter Theil der Molecularbewegung durch das Heben des Gewichtes verloren. In diesem Sinne allein kann man von der Wärme sagen, sie werde in Schwerkraft oder noch genauer in die potentielle Energie der Schwerkraft verwandelt. Nicht als ob der Verlust der

Wärme eine neue Anziehungskraft geschaffen hätte;
sondern die alte Anziehungskraft hat einfach jetzt die
Kraft erhalten, einen bestimmten Zug in dem Raume
zwischen dem Ausgangspunkte des fallenden Gewichtes
und seinem Zusammenstoss mit der Erde auszuüben.

Dasselbe geschieht in Bezug auf die magnetische Anziehungskraft: wenn eine eiserne Kugel, welche sich in einiger
Entfernung vom Magneten befindet, auf denselben zustürzt
bis diese Bewegung durch den Zusammenstoss gehemmt
wird, so entsteht eine Wirkung, welche mechanisch dieselbe
ist, als die von der Anziehung der Schwerkraft hervorgebrachte. Die magnetische Anziehung erzeugt die Bewegung
der Masse, und die Hemmung der Bewegung erzeugt Wärme.
In diesem Sinne, und zwar nur in diesem Sinne findet eine
Umwandlung der magnetischen Arbeit in Wärme statt.
Wenn durch die mechanische Kraft der Wärme, welche
durch eine passende Maschine in Wirkung gesetzt wird, die
Kugel wieder vom Magneten weggezogen und wieder in
einige Entfernung von demselben gebracht wird, so wird
dadurch dem Magneten die Kraft mitgetheilt, durch diese
Entfernung hin einen Zug auszuüben und eine neue Bewegung der Kugel hervorzurufen; in diesem Sinne und
zwar nur in diesem Sinne ist die Wärme in magnetische
Arbeitsleistung verwandelt worden.

Wenn demnach in Schriften über die Erhaltung der
Kraft von „verbrauchten" und „erzeugten" Spannkräften
die Rede ist, so will man damit nicht sagen, dass alte
Anziehungskräfte vernichtet und neue ins Leben gerufen
wurden, sondern dass in dem einen Falle die Fähigkeit
der Anziehungskraft, Bewegung hervorzubringen, durch
die Abkürzung der Entfernung zwischen den sich anziehenden Körpern vermindert wurde, und dass im andern
Falle die Fähigkeit, Bewegung zu erzeugen, durch die

Vergrösserung der Entfernung verstärkt wurde.   Diese
Bemerkungen sind auf alle Körper anzuwenden, gleichviel
ob dieselben wahrnehmbare Massen oder Molecüle seien.

Von der innern Eigenschaft, welche den Stoff be-
fähigt, Stoff anzuziehen, wissen wir nichts; und das Gesetz von der Erhaltung der Kraft stellt in Bezug auf
diese Eigenschaft nichts fest.   Es nimmt die Thatsachen
der Anziehung so wie sie sind, und bestätigt nur die Con-
stanz der Arbeitsgrösse.   Diese kann entweder in der
Form von Bewegung bestehen, oder aber in Form von
Kraft mit einem Abstande, innerhalb dessen diese
wirkt: ersteres ist dynamische Energie, letzteres potentielle Energie; dass die Summe beider constant sei,
wird durch das Gesetz der Erhaltung der Kraft festgestellt.   Die Umwandlungsfähigkeit der Naturkräfte
besteht einzig in Umwandlungen der dynamischen Energie
in potentielle und der potentiellen in dynamische, welche
Processe ständig vor sich gehen.   In keinem andern
Sinne hat die Verwandlungsfähigkeit der Kraft gegenwärtig eine wissenschaftliche Bedeutung.

Durch die Zusammenziehung eines Muskels hebt ein
Mann eine Last von der Erde.   Allein der Muskel kann
sich nur durch Oxydation seines eigenen Gewebes oder
des durchgehenden Blutes zusammenziehen.   Moleculare
Bewegung wird hier in mechanische Bewegung verwandelt.
Angenommen, der Muskel zöge sich zusammen, ohne das
Gewicht zu heben, so würde auch Oxydation eintreten,
allein die durch diese Oxydation hervorgebrachte Wärme,
würde in dem Muskel selbst frei werden.   Dem ist
nicht so, wenn er äusserliche Arbeit verrichtet; um
diese zu verrichten muss ein gewisser Theil der Oxy-
dationswärme verbraucht werden.   In der That wird sie
verwendet, um das Gewicht von der Erde fortzuziehen.

Wenn man das Gewicht fallen lässt, so wird die Wärme,
die durch seinen Zusammenstoss mit der Erde hervorgebracht wird, genau so viel betragen, als der Muskel
während des Hebens des Gewichtes zu wenig gewonnen
hat. In dem hier angenommenen Falle haben wir eine
Verwandlung der molecularen Muskelkraft in potentielle
Energie der Schwerkraft, und eine Verwandlung dieser Arbeitsleistung in Wärme; jedoch so, dass die Wärme weit
entfernt von ihrer wirklichen Quelle, dem Muskel, zum
Vorschein kommt. Der ganze Process besteht in einer
Verpflanzung von Molecularbewegung von dem Muskel zu
dem Gewichte, die Schwerkraft ist nur die Vermittlerin
wodurch diese Verpflanzung vollzogen wird.

Diese Betrachtungen werden uns behülflich sein,
einen Weg zu den Umwandlungen zu bahnen, welche eintreten, wenn ein Draht quer gegen die magnetischen
Kraftlinien eines magnetischen Feldes bewegt wird. In
diesem Falle sagt man gewöhnlich, es finde eine Umwandlung von Magnetismus in Elektricität statt. Versuchen wir zu verstehen, was wirklich stattfindet. Der Einfachheit halber, und mit der Absicht, später einen andern
Begriff dafür zu setzen, lassen Sie uns für einen Augenblick die provisorische Vorstellung annehmen, dass sich in
dem Drahte ein gemischtes Fluidum findet, zusammengesetzt
aus positiver und negativer Elektricität in gleichen Quan-
titäten, die sich deshalb gegenseitig vollständig neutralisiren, wenn der Draht in Ruhe ist. Bewegt man den
Draht gegen den Magneten, was mit der Hand ausgeführt werden mag, so wird eine sogenannte Scheidungskraft hervorgerufen. Diese Kraft reisst die vermischten
Flüssigkeiten auseinander, und treibt sie in zwei Strömen,
wovon der eine negativ, der andere positiv ist, in zwei
entgegengesetzten Richtungen durch den Draht. Das Da-

sein dieser Strömungen erweckt eine Abstossungskraft zwischen dem Magneten und dem Drahte; und dieser Widerstand muss überwunden werden, wenn eine Annäherung der beiden stattfinden soll. Das Ueberwinden dieser Abstossung ist in der That die Arbeit, welche beim Scheiden und Erregen der beiden Elektricitäten gethan wird. Wenn der Draht von dem Magneten entfernt wird, kommt abermals eine Scheidungskraft zur Wirkung, aber jetzt muss eine Anziehung überwunden werden. Bei diesem Ueberwinden werden Ströme entwickelt, welche den früheren entgegen laufen; der positive tritt an Stelle des negativen, der negative an Stelle des positiven Stromes. In der Ueberwindung der Anziehungskraft besteht hier die Arbeit, welche gethan werden muss, um die beiden Elektricitäten zu trennen und in Bewegung zu setzen.

Die hier stattfindende mechanische Wirkung ist verschieden von derjenigen, welche eintritt, wenn eine Kugel von weichem Eisen vom Magneten entfernt und wieder von demselben angezogen wird.    In diesem Falle wird Muskelkraft während des Actes der Trennung verbraucht; allein die Anziehungskraft des Magneten vollzieht die Wiedervereinigung.    Auch im Falle eines beweglichen Drahtes überwinden wir einen Widerstand, indem wir ihn vom Magneten trennen; und in so weit ist der Vorgang in mechanischer Beziehung derselbe wie bei der Eisenkugel.    Allein wenn der Draht aufgehört hat, sich zu bewegen, hört die Anziehung auf; und anstatt eines Vorganges, welcher dem ähnlich wäre, der die Kugel zurück zum Magneten zieht, haben wir hier eine Abstossung zu überwinden, um sie zusammenzubringen.

Weder bei der Entfernung noch bei der Annäherung des Drahtes kommt potentielle Energie ins Spiel, und die einzige wirklich umgeformte oder verwandelte Kraft

ist bei diesem Versuche die der Muskeln. Es geschieht
nichts, was genau genommen eine Verwandlung von Magnetismus in Elektricität genannt werden könnte. Die
Oxydation des Muskels, welche den Draht bewegt, erzeugt
nicht innerhalb des Muskels die nöthige Wärmemenge,
sondern ein Theil dieser Wärme, welcher dem überwundenen Widerstand gleichkommt, erscheint statt dessen in
dem beweglichen Drahte.

Ist dieser Vorgang eine Anziehung und Abstossung
aus der Ferne? Ist dem so, warum hören beide auf,
wenn der Draht sich zu bewegen aufhört? In der That
gleicht das Verhalten des Drahtes vielmehr dem eines
Körpers, der sich in einem widerstehenden Medium bewegt, als irgend etwas Anderm; indem der
Widerstand aufhört, sobald die Bewegung eingestellt
wird. Lassen Sie uns den Fall einer Flüssigkeit annehmen, welche so beweglich wäre, dass man die Hand darin
hin und her führen könnte, ohne einen irgend wahrnehm-
baren Widerstand zu finden. Aehnlich ist die Bewegung
eines guten Leiters innerhalb des unerregten Feldes eines
Elektromagneten. Lassen Sie uns nun annehmen, es werde
ein Körper in die Flüssigkeit gebracht, welcher derselben
die Eigenschaft der Zähigkeit mittheilte; so könnte sich
die Hand nicht mehr frei darin bewegen. Während ihrer
Bewegung, aber nur dann, würde sie Widerstand finden
und überwinden. Hiermit haben wir im Groben den Fall
eines erregten magnetischen Feldes dargestellt, und das
Resultat würde in beiden Fällen dem Wesen nach dasselbe sein. In beiden Fällen würde zuletzt ausserhalb
des Muskels Wärme erzeugt werden, deren Menge dem
überwundenen Widerstande genau äquivalent wäre.

Lassen Sie uns die Analogie noch etwas weiter führen;
nehmen wir an, das zähe gemachte Fluidum, wovon wir vor-

hin sprachen, sei doch nicht zähe genug, um die Bildung
kleiner Wirbel zu verhüten, wenn mit der Hand durch
dasselbe gestrichen wird. Die Bewegung der Hand würde
vor ihrer schliesslichen Umwandlung in Wärme eine Weile
als Wellenbewegung bestehen, und diese würde bei ihrem
Aufhören ihr Aequivalent an Wärme erzeugen. Dieses
Zwischenstadium ist bei unserm bewegten Drahte durch
die Zeit während welcher der elektrische Strom
durch ihn fliesst, repräsentirt; allein dieser Strom
hört, wie die Wellen unserer Flüssigkeit, bald auf, und
wird wie diese in Wärme verwandelt.

Geben uns diese Worte auch nur den Schatten der
Wirklichkeit? Solche Speculationen können nicht schaden,
wenn sie ohne Dogmatismus vorgebracht werden. Ich
gestehe, dass Gedanken, wie die hier angegebenen, einen
grossen Reiz für mich haben. — Ist also das magnetische
Feld wirklich zähe, und wenn dem so ist, welche Substanz
besteht in demselben und in dem Drahte, um diese Zähigkeit hervorzubringen? Betrachten wir zuerst die thatsäch-
lichen Wirkungen, und wenden wir dann unsere Gedanken
zurück auf deren Ursache. Wenn sich der Draht dem Magneten nähert, wird in ersterem ein Vorgang erweckt,
welcher sich durch sein Inneres mit einer dem Lichte
ähnlichen Schnelligkeit fortpflanzt. Bis jetzt hat sich nur
eine Substanz in dem Weltall gezeigt, welche fähig wäre,
eine Kraft mit dieser Geschwindigkeit fortzupflanzen,
nämlich der Lichtäther. Nicht allein die Schnelligkeit
der Fortpflanzung, sondern auch die Fähigkeit, die Bewegung von Licht und Wärme zu erzeugen, zeigen an, dass
der elektrische Strom auch eine Bewegung ist*).

---

*) Herr Clerk Maxwell hat kürzlich eine ausserordentlich wichtige,
mit dieser Frage zusammenhängende Untersuchung veröffentlicht.    Auch
in dem nicht mathematischen Theil von Maxwell's Abhandlungen zeigt

Ferner besteht eine sehr grosse Aehnlichkeit zwischen der Wirkung guter und schlechter Leiter in Bezug auf Elektricität, und der Wirkung von diathermanen und adiathermanen Körpern in Bezug auf strahlende Wärme. Der gute Leiter ist diatherman für den elektrischen Strom; er erlaubt freien Durchgang ohne Wärmeentwicklung. Der schlechte Leiter ist adiatherman für den elektrischen Strom; deshalb ist der Durchgang des letztern von Wärmeentwicklung begleitet. Ich neige stark dazu, den elektrischen Strom, rein und einfach, für eine Bewegung des Aethers zu halten; in den guten Leitern verbreitet sich diese Bewegung durch den in ihnen enthaltenen Aether ohne merkliche Uebertragung auf ihre Atome; während bei schlechten Leitern eine solche Uebertragung stattfindet, und die übertragene Bewegung als Wärme erscheint*).

Ich weiss nicht, ob Faraday mit dem, was hier geschrieben ist, übereingestimmt haben würde; wahrscheinlich hätte ihn seine gewohnte Vorsicht von einer so entschiedenen Auffassung abgehalten. Aber eine ähnliche Idee erfüllte seinen Geist und sprach sich in seinen Reden während der letzten Jahre seines Lebens aus. Ich wage nicht zu behaupten, dass seine Behandlung solcher theoretischer Begriffe immer erfolgreich gewesen wäre. Bei seinen Speculationen vermischte er Licht und Dunkelheit in verschiedenen Verhältnissen, und riss uns durch starke Abwechslungen beider mit sich fort. Es ist unmöglich, zu sagen, inwiefern eine mathematische Erziehung auf seine Arbeiten eingewirkt haben würde, und den Einfluss

---

sich unverkennbar sein ausgezeichneter Forschergeist. Was die Anwendung wissenschaftlicher Gleichnisse betrifft, kenne ich in Bezug auf Mächtigkeit der Begriffe und Klarheit der Darstellung kaum seines Gleichen.

*) Ein wichtiger Unterschied findet natürlich zwischen der Wirkung einer Bewegung im magnetischen Felde, und einer Bewegung in einem Widerstand leistenden Medium statt. Im erstern Falle wird die Wärme im bewegten Leiter, im letztern Falle in dem Medium erzeugt.

zu berechnen, den dieselbe auf die Inspirationskraft, die
ihn beseelte, gehabt haben könnte; vielleicht wäre er dadurch entmuthigt und verhindert worden, seine Schachte
an solchen Orten zu graben, wo keine Theorie ihm eine
Erzader in Aussicht stellte.   Wenn dem so ist, so dürfen
wir uns freuen, dass dieser kühne Schatzgräber an dem
Bergwerke der Naturwissenschaften sich selbst überlassen
war, um seine Hacke nach seiner Weise zu schwingen.
Man muss gestehen, dass Faraday's rein speculative
Schriften oft jener Genauigkeit des Ausdrucks ermangeln,
welche mathematisches Denken zu verleihen pflegt. Trotzdem blitzen öfters Strahlen ahnungsvoller Weisheit durch
dieselben, welche zu allen Zeiten Bewunderung erregen
werden; während die Thatsachen, Verhältnisse, Principien
und Gesetze, welche seine Experimente festgestellt haben,
gewiss dazu bestimmt sind, der Ausgangspunkt grossar-
tiger künftiger Theorien zu werden.

# Schlusswort.

Wenn das Auge des Bergsteigers von einem Alpen-
gipfel die Berge überblickt, findet er, dass diese sich meistens in verschiedene Gruppen auflösen, deren jede einzelne aus einer dominirenden Höhe, welche von niedrigeren
Kuppen umgeben ist, bestehen. Dieselbe Kraft, welche die
bedeutenderen Gipfel emporhob, trieb in den meisten
Fällen andere beinahe zu derselben Höhe. — So ist es
mit den Entdeckungen Faraday's. Im Allgemeinen steht
das Hauptresultat nicht allein, sondern bildet den Gipfel-
punkt einer ausgedehnten und verschiedenartigen Menge
von Untersuchungen. Auf diese Weise gruppiren sich
gewichtige Arbeiten rings um die grosse Entdeckung der
magnet-elektrischen Induction; seine Untersuchungen
über den Extracurrent, über die polaren und andere Zustände diamagnetischer Körper, über die magnetischen
Kraftlinien, ihren besondern Charakter und ihre Vertheilung, über die Anwendung inducirter elektromagneti-
scher Ströme als Maass und Prüfstein der magnetischen
Wirkung, über die Abstossungserscheinungen im magnetischen Felde sind alle troz der Verschiedenheit ihres

Titels, Untersuchungen aus dem Gebiete der magnet-elektrischen Induction.

Die zweite Gruppe von Faraday's Untersuchungen und Entdeckungen umfasst die chemischen Erscheinungen des elektrischen Stromes. Das Hauptresultat hiervon ist das grosse Gesetz der elektrochemischen Aequivalente, welches von verschiedenen Untersuchungen über elektrochemische Fortführung und über Elektrolysis sowohl mit der Maschine als mit der Säule umgeben ist. Zu dieser Gruppe gehören ausserdem noch seine Analyse der Contacttheorie, seine Untersuchungen über die Quelle der Volta'schen Elektricität, und seine schliessliche Entwicklung der chemischen Theorie von der Säule.

Seine dritte grosse Entdeckung ist die der Magnetisation des Lichtes, welche ich mit dem Weisshorn unter den Bergen vergleichen möchte; sie steht hoch, schön und allein. —

Das Hauptresultat der vierten Gruppe ist die Entdeckung des Diamagnetismus, die in seiner Abhandlung über den magnetischen Zustand aller Materie enthalten ist; um diese gruppiren sich wieder seine Untersuchungen über den Magnetismus der Flamme und der Gase, über die magnetische Kraft der Krystalle und den atmosphärischen Magnetismus in seinem Verhältniss zu den jährlichen und täglichen Veränderungen der Magnetnadel, deren volle Bedeutung noch immer nicht genügend dargethan ist.

Dies sind Faraday's greifbarste Entdeckungen, und hierauf wird sein Ruhm hauptsächlich beruhen. Allein auch ohne dieselben würde genug übrig bleiben, um ihm einen hohen und dauernden wissenschaftlichen Ruf zu sichern. Wir würden immer noch seine Untersuchungen über das Flüssigwerden der Gase, über Reibungselektri-

cität, über die Elektricität des Zitteraales, über die Quelle
der Kraft in der hydroelektrischen Maschine haben,
welche beide letzteren Untersuchungen wir in dieser
Schrift gar nicht berührt haben; ferner seine Arbeiten
über elektromagnetische Drehungen, über die Regelation
und alle seine rein chemischen Untersuchungen, mit Einschluss seiner Entdeckung des Benzols. Ausserdem veröffentlichte er eine Menge kleinerer Abhandlungen, von
denen die meisten sein wissenschaftliches Genie bekunden.
Ich habe von der Kraft und Liebenswürdigkeit seines
Vortrages nicht gesprochen. Im Grossen und Ganzen
genommen wird es wohl zugestanden werden, dass Michael
Faraday der grösste Forscher im Gebiete des Experi-
mentes war, welchen die Welt jemals besass; und ich will
hinzufügen, dass der Fortschritt künftiger Untersuchungen den Glanz der Arbeiten des grossen Forschers ver-
grössern und erhöhen, nicht aber verringern wird.

# Charakterzüge.

---

Bisher beschränkte ich mich auf Gegenstände, welche vorzugsweise für den Gelehrten von Interesse sind, bestrebte mich jedoch, dieselben in einer Weise zu behandeln, dass auch der unwissenschaftliche Leser, der von Faraday's Arbeiten einen Begriff zu erhalten wünscht, dieselben nicht abstossend finden dürfte. Andere werden die Pflicht erfüllen, der Welt ein Bild des Menschen Faraday zu geben. Allein ich weiss, Sie werden mir erlauben, der vorstehenden Analyse einige persönliche Erinnerungen hinzuzufügen, welche dazu dienen sollen, Faraday mit einer Welt in Beziehung zu setzen, die weiter ist als die der Wissenschaft, nämlich mit der Welt des menschlichen Herzens.

Es sei mir erlaubt, hier noch eine Bemerkung in Bezug auf sein eheliches Leben einzufügen. Wie früher soll Faraday auch diesmal für sich selbst sprechen. Der folgende Satz, obwohl in der dritten Person geschrieben, ist von seiner eigenen Hand: „Am 12. Juni 1841 verheirathete er sich; ein Ereigniss welches mehr als irgend ein anderes zu seinem irdischen Glücke und zu seinem geistigen Wohlbefinden beitrug. Die Ehe besteht nun

seit achtundzwanzig Jahren, und hat sich in keiner Weise
verändert; es sei denn dass sie an Tiefe und Stärke gewonnen hätte."

Faraday's unmittelbare Vorfahren lebten auf
einem kleinen Landsitze Clapham Wood Hall in Yorkshire. Hier wohnten Robert Faraday und Elisabeth,
seine Gattin mit ihren zehn Kindern. Eines derselben,
James Faraday, geboren im Jahre 1761, war der Vater
unseres Naturforschers. Einer Familientradition zufolge
stammten die Faraday's aus Irland. Faraday selbst
sprach mir gegenüber mehr als einmal die Ueberzeugung
aus, dass er celtisches Blut in den Adern habe; aber er
konnte nicht sagen, wann die Mischung stattgefunden habe
und wie stark sie sei. Er ahmte die breite irische Sprech-
weise vortrefflich nach, und seine wunderbare Lebhaftigkeit mag auch theilweise diesem Ursprunge zuzuschreiben
sein. Allein er besass andere Eigenschaften, welche wir
kaum von Irland herleiten würden; die hervorragendste
hiervon war sein Ordnungssinn, der wie ein leuchtender
Strahl durch alle Handlungen seines Lebens hinläuft.
Auch die verwickeltsten und verwirrtesten Angelegenheiten ordneten sich harmonisch unter seinen Händen.
Die Art, wie er die Rechnungen führte, erregte die Bewunderung des Comités der Royal Institution. In seinen
wissenschaftlichen Angelegenheiten herrschte dieselbe
Ordnung. In seinen experimentellen Untersuchungen
war jeder Paragraph numerirt, und durch beständige
Rückbeziehungen mit den übrigen verknüpft. Seine
glücklicher Weise erhaltenen Privatnotizen sind in ähnlicher Weise numerirt, der letzte Paragraph trägt die
Zahl 16,041. Ausserdem zeigte auch seine Arbeitsfähig-
keit die teutonische Ausdauer. Er war eine impulsive
Natur; allein hinter dem Impulse war eine Kraft, welche

kein Rückweichen gestattete. Fasste er in warmen Augenblicken einen Entschluss, so führte er ihn bei kaltem
Blute aus. Sein Feuer war demnach gleich dem eines
festen Brennstoffes, nicht aber gleich einem Gase, das
plötzlich auftlackert, aber ebenso plötzlich wieder erlischt.

Hier muss ich Ihre Nachsicht wegen der engen
Grenzen, welche mir gezogen sind, erbitten. Es stand
mir keinerlei Material zu einer Lebensbeschreibung Faraday's zu Gebote, und was ich jetzt noch zu sagen habe,
ist fast einzig aus unseren gegenseitigen engen und persönlichen Beziehungen entnommen.

Unsere Correspondenz zog sich durch 16 Jahre hin,
und jeder der hier vor mir liegenden Briefe enthält
irgend eine charakteristische Aeusserung; von Kraft
und Zartgefühl im Rathgeben, freudiger Ermuthigung,
und Wärme der Empfindung. Es kommen Aeusserungen
über Humboldt, Biot, Dumas, Chevreul, Magnus und
Arago vor, wohlgeeignet denen unter ihnen, die noch am
Leben sind, Freude zu machen. Nur der Zufall liess mich
gerade diese Namen anführen. Viele andere müssten
hinzugefügt werden, um die Liste seiner Freunde auf dem
Continente zu vervollständigen. Er schätzte die Liebe
und Theilnahme der Menschen und schlug sie fast höher
an, als den Ruhm, den ihm die Wissenschaft brachte.
Vor etwa zwölf Jahren fiel mir die Aufgabe zu, einen
Ueberblick über seine „Experimentellen Untersuchungen"
für das „Philosophical Magazine" zu schreiben. Nachdem
er es gelesen, nahm er meine Hand und sagte: „Tyndall,
der süsseste Lohn für meine Arbeit ist die Sympathie und
die Anerkennung, welche mir aus allen Theilen der Welt
zufliessen." Unter seinen Briefen finde ich Aeusserungen von Freundlichkeit, die für Niemanden Werth haben
können, die mir aber kostbarer als alles sind. Zuweilen

schaute er ins Laboratorium herein, wenn er mich ermüdet glaubte, und nahm mich mit hinauf zum Ausruhen. War ich zufällig abwesend, so liess er auch wohl einen kleinen Zettel für mich zurück, der etwa folgende Worte enthielt: „Lieber Tyndall, ich suchte nach Ihnen, da wir eben Thee tranken, wir sind noch nicht fertig — wollen Sie nicht heraufkommen?"

Ich theilte sehr oft, ja fast täglich sein frühes Mittagsmahl, so lange meine Vorlesungen dauerten. Es war keine Spur des Asceten in seiner Natur. Er zog den Wein und das Fleisch des Lebens den Heuschrecken und dem wilden Honig vor. Während unserer fünfzehnjährigen innigen Freundschaft erwähnte er die Religion auch nicht ein einziges Mal, ausser wenn ich ihn selbst auf den Gegenstand brachte. Er sprach alsdann ohne Zurückhaltung oder Zögern; nicht mit der sichtbaren Absicht, „die Gelegenheit zu nützen," sondern um mir die gewünschte Belehrung zukommen zu lassen. Er glaubte, dass das menschliche Herz von einer höhern Macht regiert wird, zu der weder die Wissenschaft noch die Logik einen Zugang öffnet, und dieser Glaube, er mochte nun wahr oder falsch sein, den er mit der vollkommensten Duldung für Andersgläubige verband, stärkte und verschönte sein Leben.

Aus den eben erwähnten Briefen will ich drei auswählen, um sie der Oeffentlichkeit zu übergeben. Den ersten wähle ich deshalb, weil er die Gefühle zeigt, mit welchen Faraday seinen Beruf betrachtete, und auch wegen einer Aeusserung, die einem Freunde wohlthuend sein wird.

Ventnor (auf der Insel Wight), 28. Juni 1854.

Mein lieber Tyndall!

Sie sehen an der Ueberschrift dieses Briefes, wie sehr
die Gewohnheit mich beherrscht; ich habe eben Ihren Brief
aus der Royal Institution gelesen, und dennoch glaubte
ich mich auch dort anwesend. Doch ich habe die Wissenschaft dort in guter Obhut zurück gelassen, und freue
mich zu hören, dass Sie wieder beim Experimentiren
sind. Aber wie steht es mit der Gesundheit? Nicht gut,
fürchte ich; ich wollte, Sie möchten sich erst wieder
kräftigen, und dann erst arbeiten. Was die Früchte betrifft, so sind sie ganz sicherlich gut, denn obwohl ich zuweilen über mich selbst verzage, — Ihretwegen thue ich
das nie. Sie sind jung und ich bin alt.... Aber unsere
Zwecke sind so herrlich, dass, während es den Schwäch-
sten ermuthigen muss, daran zu arbeiten, es den Stärksten
entzückt und beseligt.

Ich habe noch nichts von Magnus gesehen. Es ist
mir immer eine Freude, an ihn zu denken. Wir werden
seinen schwarzen Schwefel zusammen betrachten. Von
Schönbein hörte ich kürzlich. Er schreibt mir, Liebig
sei ganz von Ozon, d. i. von allotropischem Sauerstoff,
erfüllt.

Leben Sie wohl für heute, mein lieber Tyndall.

Immer Ihr treuer

M. Faraday.

Die Betrachtung der Natur und seine eigene Beziehung zu ihr rief in Faraday eine Art geistiger
Exaltation hervor, welche hier zu Tage tritt. Sein reli-
giöses Gefühl und seine wissenschaftliche Denkweise
konnten nicht getrennt werden; es fand ein beständiges
gegenseitiges Ueberfliessen beider bei ihm statt.

Seine Freude an der Wissenschaft blieb dieselbe, ob er selbst oder ein Anderer ihre Wirkungen anschaulich machte. Ein guter Versuch konnte ihn beinahe dazu bringen Freudensprünge zu machen. Im November 1850 schrieb er mir Folgendes: „Ich hoffe eines Tages die Sache mit dem Magnetismus verbundener Theilchen aufzunehmen. Inzwischen freue ich mich über jeden Zuwachs an Thatsachen und Gründen in Bezug auf diesen Gegenstand. Die Wissenschaft gewinnt, wenn sie eine Republik ist; und obwohl in anderen Beziehungen kein Republikaner, hierin bin ich es." Alle seine Briefe legen von dieser Allgemeinheit des Gefühles Zeugniss ab. Als er vor zehn Jahren nach Brighton ging, nahm er eine kleine Abhandlung, welche ich eben beendigt hatte mit sich, und schrieb mir später. Sein Brief soll nur als Beispiel der steten Theilnahme dienen, welche er mir und meinen Arbeiten schenkte.

Brighton, 19. December 1857.

**Mein lieber Tyndall!**

Ich kann dem Vergnügen, Ihnen meine Freude über Ihre Abhandlung auszudrücken, nicht widerstehen. Jeder Theil davon hat mich in Entzücken versetzt. Sie schreiten darin wunderschön von Punkt zu Punkt.

Sie werden mancherlei Bleistiftstriche darin finden, die ich während des Lesens machte. Ich lasse sie stehen, denn obwohl manche derselben in der Folge ihre Antwort erhalten, zeigen sie doch, welchen Eindruck der Wortlaut der Schrift auf Jemanden macht, dem der Gegenstand neu ist; vielleicht ist es Ihnen lieb, hie und da eine kleine Abänderung eintreten zu lassen, falls Sie wünschen gleich die ganze (d. h. keine ungenaue) Idee von vorn herein anzudeuten; — übrigens glaube ich, es ist nicht

Ihre Auseinandersetzung, sondern meine hastige Art, einen
Schluss zu ziehen, welche meinen Bleistift zu den Zeichen
veranlasste. Wir kommen am Freitage wieder, alsdann
gebe ich Ihnen Ihre Schrift zurück.

Immer Ihr treuer

M. Faraday.

Der dritte Brief wird seine Stelle gegen das Ende
finden.

Als ich mich einst mit Faraday über die Wissenschaft und ihre Beziehungen zu Handel und Wandel unterhielt, sagte er mir, dass er zu einer gewissen Zeit in
seinem Leben genöthigt war, sich endgiltig zu entscheiden,
ob er den Gelderwerb oder die Wissenschaft zum Ziel-
punkte seines Lebens machen wolle. Er konnte nicht
beiden Herren dienen, und musste deshalb zwischen ihnen
wählen. Nach der Entdeckung der Magneto-Elektricität
wurde sein Ruhm nach Aussen so gross, dass die kaufmän-
nische Welt keine Entschädigung zu hoch gefunden haben
würde, um einen Mann von solchen Fähigkeiten für sich
zu gewinnen. Sogar ehe er so berühmt wurde, hatte er ein
kleines Stück „geschäftlicher Arbeit" vollbracht. Diese
Benennung gab er seiner Thätigkeit für die Industrie.
Sein Freund, Richard Phillips, hatte ihn z. B. veranlasst, eine Anzahl von Analysen zu übernehmen, welche im
Jahre 1830 seinem Einkommen einen Zuwachs von mehr
als tausend Pfund, und im Jahre 1831 noch mehr ein-
brachten. Er brauchte nur zu wollen, um von 1832 an
seine geschäftlichen Einkünfte auf 5000 Pfd. Sterl. jährlich zu bringen. Ja dies ist eine durchaus ungenügende
Schätzung der Summen, die Faraday mit leichter Mühe
in den dreissig letzten Jahren seines Lebens sich hätte
erwerben können. Während ich die Experimental-

10*

untersuchungen von Neuem in Hinsicht auf die gegenwärtige Schrift durchstudirte, erinnerte ich mich des eben
erwähnten Gespräches mit Faraday, und ich suchte den
Zeitpunkt zu ermitteln, wann die Frage, ob „Reichthum
oder Wissenschaft“, mit solchem Nachdruck an ihn
herangetreten war. Meiner Ansicht nach musste es im
Jahre 1831 oder 1832 gewesen sein, denn es schien mir
die Grenzen menschlicher Kraft zu übersteigen, sich der
Wissenschaft in dem Grade hinzugeben, wie er es in den
folgenden Jahren that, und zugleich industrielle Arbeiten
zu übernehmen. Um die Richtigkeit meines Schlusses
zu erproben, erbat ich mir einen Einblick in seine Rechnungen, und will das Ergebniss auf meine eigene Verantwortlichkeit hin veröffentlichen. Im Jahr 1832 fiel seine
Geschäftseinnahme von 1090 Pf. St. 4 Sh. auf 155 Pf. St. 9 Sh.
anstatt sich auf 5000 Pf. St. zu erheben. Von da an fiel dieselbe mit leichten Schwankungen 1837 auf 97 Pf. St. und
1838 auf Null. Zwischen 1839 und 1845 betrug sie mit
einer einzigen Ausnahme niemals mehr als 22 Pf. St., und
blieb meist noch unter dieser Summe. Das eben erwähnte
Ausnahmsjahr war dasjenige, worin er und Sir Charles
Lyell von der Regierung aufgefordert waren, einen
Bericht über die Explosion in den Kohlenbergwerken
von Haswell zu schreiben, wodurch seine Geschäftseinnahme auf 112 Pf. St. stieg. Vom Jahre 1845 bis zu Faraday's Todestag betrug sein jährliches Geschäftseinkom-
men geradezu Null. Wenn man seinen Lebensgang betrachtet, so sieht man, dass dieser Sohn eines Schmiedes
und einstige Buchbindergehülfe die Wahl hatte zwischen
einem Vermögen von 150,000 Pf. St. auf der einen und der
unausgestatteten Wissenschaft auf der andern Seite. Er
wählte die letztere und starb als armer Mann. Allein
ihm gebührt der Ruhm, dass er vierzig Jahre lang den

wissenschaftlichen Ruf Englands auf erhabener Höhe unter
den Nationen erhielt.

Auch auf die äusseren sichtbaren Zeichen der Be-
rühmtheit legte er geringeren Werth als die meisten
Menschen. Er war aus allen Theilen der Welt mit wissenschaftlichen Ehren überhäuft worden. Es gab wohl
kaum eine Stimme, die ihn nicht als den Fürsten unter
allen wissenschaftlichen Grössen der Gegenwart bezeichnet
hätte. Dennoch hat er die höchste wissenschaftliche
Stellung in diesem Lande niemals eingenommen. Als der
leider dahin geschiedene Lord Wrottesley seine Stelle
als Präsident der Royal Society niederlegte, kam eine
Deputation des Comités, bestehend aus Lord Wrottesley,
Mr. Grove und Mr. Gassiot, zu Faraday, um ihn drin-
gend zur Annahme des Präsidentenstuhles einzuladen.
Was Gründe und freundschaftliche Ueberredung nur
irgend vermochten, wurde angewendet, um ihn zu bestimmen, den Wünschen des Comités und dem einstimmigen
Begehren der wissenschaftlichen Welt nachzugeben. Im
Bewusstsein der Heftigkeit seines Naturells hatte Faraday die Gewohnheit angenommen, sich bei wichtigen Fragen
eine Frist zur Ueberlegung vor der Entscheidung auszu-
bitten. Auch in diesem Falle befolgte er diese Gewohnheit und erbat sich eine kleine Bedenkzeit.

Am folgenden Morgen begab ich mich zu ihm auf
sein Zimmer und sagte ihm, dass ich in einer gewissen
Unruhe zu ihm käme. Er fragte nach der Ursache derselben, und ich erwiderte: „Darüber, dass Sie möglicher
Weise sich gegen die Wünsche der Deputation, welche
gestern bei Ihnen war, entschieden haben könnten."

„Sie würden mich doch gewiss nicht drängen, diese
Verantwortlichkeit zu übernehmen." — „Ich würde Ihnen

nicht nur zureden, sondern ich halte es für Ihre Pflicht
und Schuldigkeit, dieselbe anzunehmen!"

Er sprach von der Arbeit, die dies mit sich brächte,
erwähnte, es sei nicht seine Art, die Dinge leicht zu
nehmen, und dass, wenn er Präsident würde, er gewiss
manche neue Fragen hervorrufen und verschiedene Veränderungen anregen müsste. Ich erwiderte, er würde
in diesem Falle die Jugend und Kraft der Royal Society
auf seiner Seite haben. Dies schien ihn jedoch nicht zu
befriedigen. Seine Frau trat in das Zimmer und er
wandte sich an sie. Ihre Entscheidung war dagegen, und
ich suchte dieselbe zu bekämpfen. „Tyndall," sagte er
schliesslich, „ich muss einfach Michael Faraday bleiben,
und ich will Ihnen nur sagen, dass wenn ich die Ehre,
welche die Royal Society mir zu übertragen wünscht, an-
nähme, ich nicht dafür stehen könnte, dass mir meine
Geisteskraft auch nur ein Jahr lang ungeschmälert erhalten bliebe." Ich drang nicht weiter in ihn, und Lord
Wrottesley erhielt an Sir Benjamin Brodie einen
sehr würdigen Nachfolger.

Nach dem Tode des Herzogs von Northumberland
wünschte das geschäftführende Comité unserer Anstalt,
dass Faraday seine Laufbahn als Präsident der Royal
Institution beschliessen möchte, in welche er vor mehr
als einem halben Jahrhundert gegen wöchentliche Löh-
nung eingetreten war.

Allein er wollte auch mit diesem Amte nichts zu thun
haben. Er sehnte sich nach Ruhe, und die verehrungs-
volle Liebe seiner Freunde war ihm unendlich mehr werth,
als alle Ehren einer officiellen Stellung. Geistige Unabhängigkeit war für ihn das oberste Bedürfniss, und obwohl er überall den Gehorsam da empfahl, wo Gehorsam
eine Pflicht ist, so schenkte er doch der Behauptung

männlicher Würde in gerechter Sache seine volle Theilnahme. Wo es sich um die Ehre handelte, fand vorschnelles
Handeln bei ihm volle Vergebung, sogar offenen Beifall.
Die Weisheit der Jahre, vereint mit den Vorzügen eines
solchen Charakters, gaben seinem Rathe für ähnlich ge-
stimmte Gemüther einen ganz besonderen Werth. Ich
bat oft um seine Rathschläge, und werde Ihnen mit
Ihrer Erlaubniss einige besonders charakteristische Beispiele davon mittheilen.

Im Jahre 1855 wurde ich zum Examinator bei der Behörde für militärische Erziehung ernannt. Ich war damals
der festen Ueberzeugung, wie ich es jetzt noch bin, dass
physikalische Kenntnisse von äusserst hervortretender
Wichtigkeit für Artillerie- wie Genieofficiere sind; und
diese Ueberzeugung habe ich auch bei jeder Gelegenheit
offen ausgedrückt. Ich fand, dass die Bedeutung, welche
den physikalischen Wissenschaften bei diesen Prüfungen
eingeräumt wurde, bei Weitem nicht deren Wichtigkeit ent-
sprach; und wahrscheinlich machte mich dieser Umstand
eifersüchtiger auf die Ansprüche meiner Wissenschaft, als
ich es sonst gewesen wäre. Im Trinity College zu Dublin
war eine Vorbereitungsschule für die militärischen Prüfungen in Woolwich errichtet worden, und eine grosse
Anzahl ganz vorzüglich gebildeter junger Leute kam von
Dublin herüber, um sich um Stellen in der Artillerie
und im Geniecorps zu bewerben. Das Ergebniss des
Examens war besonders befriedigend für mich; die
dabei ertheilten Noten sprachen so entschieden für sich
selbst, dass ich mich enthielt, irgend eine andere Bemerkung daran zu knüpfen. Meine Collegen befolgten
jedoch die übliche Gewohnheit, ihren Noten einen kurzen
Bericht hinzuzufügen. Nachdem die Resultate veröffentlicht worden waren, erschien ein Leitartikel in der Times,

worin diese Berichte ausgiebig citirt, und alle Candidaten reichlich mit Lob überhäuft wurden, ausgenommen die vortrefflichen jungen Leute, welche durch mich
examinirt worden waren.

Durch einen Brief aus Trinity College, worin man
sich bitter beschwerte, dass die naturwissenschaftlichen
Candidaten total ignorirt würden, obwohl sie den Noten
nach die Besten gewesen seien, wurde meine Aufmerksamkeit auf diesen Artikel gelenkt. Ich versuchte die
Sache in Ordnung zu bringen, indem ich auf meine eigene
Verantwortung hin einen Brief an die Times richtete.
Ich wusste, dass diese Handlung von Seiten des Kriegsministeriums keine Billigung finden konnte, erwartete und
riskirte jedoch das Misfallen meiner Vorgesetzten. Der
verdiente Verweis erfolgte alsbald folgenden Wortlautes:
„So hoch auch der Staatsecretair für das Kriegsdepartement die Ansichten von Professor Tyndall zu schätzen
geneigt sei, erlaube er sich doch zu bemerken, dass ein
Examinator, welcher von Sr. Königl. Hoheit dem Ober-
commandeur der Armee ernannt sei, kein Recht habe, als
solcher, ohne die Erlaubniss des Kriegsministeriums in
den Zeitungen Veröffentlichungen zu machen, wie dies
Professor Tyndall that." Nichts konnte verdienter sein,
als dieser Verweis, allein ich konnte mich doch nicht
dabei beruhigen. Ich schrieb eine Antwort, und zeigte
sie Faraday, ehe ich sie abschickte. Wir sassen zusammen vor seinem Kamin, und er sah sehr ernst aus,
als er seine Hände rieb und nachdachte. Folgendes Gespräch fand hierauf zwischen uns statt:

F. Sie haben einen Verweis erhalten; so viel ist
sicher, Tyndall; allein die Sache ist nun vorbei und
wenn Sie den Tadel hinnehmen wollen, werden Sie nichts
mehr davon hören.

T. Aber ich wünsche ihn nicht hinzunehmen.

F. Also Sie wissen, was die Folge Ihres Briefes sein wird?

T. Ja, das weiss ich.

F. Man wird Sie entlassen.

T. Ich weiss es.

F. Nun, so schicken Sie den Brief ab.

Der Brief war entschieden, jedoch ehrerbietig; er erkannte die Gerechtigkeit des Tadels an, drückte jedoch keinerlei Bedauern oder Reue aus. Faraday änderte auf seine anmuthige Weise noch einige Ausdrücke, um sie noch ehrerbietiger zu machen. Der Brief ward richtig abgeschickt, und am folgenden Morgen betrat ich dieses Haus in der festen Ueberzeugung, dass meine Entlassung schon vor mir angekommen sei. Es vergingen jedoch Wochen. Endlich langte das wohlbekannte Couvert an; und ich erbrach das Siegel, ohne im Zweifel über den Inhalt zu sein. Derselbe war jedoch sehr verschieden von meinen Erwartungen. „Der Staatssecretair für das Kriegsdepartement hat Prof. Tyndall's Brief erhalten, und ist durch die darin enthaltenen Erklärungen vollkommen befriedigt."

Ich habe oft eine Gelegenheit herbeigewünscht, um diese liberale Handlungsweise öffentlich anzuerkennen, welche bewies, dass Lord Panmure eine gute Absicht erkennen und entschuldigen konnte, auch wo deren Ausdruck gegen die Routine verstiess. Es war mir noch viele Jahre hindurch vergönnt, unter jener ausgezeichneten Behörde für die militärische Erziehung zu wirken.

Bei einer andern Gelegenheit, wobei mich Faraday zu einem etwas kühnen Entschluss ermuthigt hatte, bekräftigte er diesen Rath durch eine Erläuterung aus seinem eigenen Leben. Die Sache wird Sie interessiren,

und da sie jedenfalls in der Welt besprochen werden
wird, kann keinerlei Unheil daraus entstehen, wenn ich
dieselbe hier erwähne.

Im Jahre 1835 wünschte Sir Robert Peel Faraday
eine Pension anzubieten; allein der grosse Staatsmann
legte sein Amt nieder, ehe er diesen Wunsch zur Ausführung bringen konnte. Der Minister, welcher diese
Pensionen gründete, beabsichtigte hierdurch die Erthei-
lung einer ehrenvollen Auszeichnung, welche auch stolze
Männer ohne irgend welchen Verlust ihrer Unabhängigkeit annehmen könnten*). Als Faraday zuerst auf nicht
officielle Weise erfuhr, dass ihm eine solche Pension
zugedacht sei, schrieb er einen Brief, worin er seinen
Entschluss, dieselbe auszuschlagen, ankündigte; indem er
angab, er sei vollkommen im Stande, sich seinen Lebensunterhalt selbst zu verdienen. Dieser Brief ist noch
vorhanden, wurde jedoch damals nicht abgeschickt, da
Faraday's Widerwillen gegen die Pension von seinen
Freunden bekämpft worden war. Als Lord Melbourne
das Ministerium übernahm, wünschte er Faraday zu
sehen; und wahrscheinlich aus völliger Unkenntniss
des Gelehrten — denn unglücklicher Weise für uns
sind unsere Staatsminister zu oft unbekannt mit unseren grossen Zeitgenossen — that Lord Melbourne
eine Aeusserung, welche seinem Besucher auf das Höchste
missfiel. Dieser hat mir damals alle Umstände mitgetheilt, allein ich habe die Einzelheiten vergessen. Der
Ausdruck „Humbug" und andere ähnlichen Sinnes waren
jedoch unvorsichtiger Weise von Seiner Lordschaft gebraucht worden. Faraday verliess den Minister mit
einem fest gefassten Entschlusse, und hinterliess an jenem

---

*) Siehe Anhang für's Jahr 1835.

Abend in der Wohnung von Lord Melbourne eine Karte
und ein kurzes und bestimmtes Billet, des Inhaltes,
dass er offenbar die Absicht Sr. Herrlichkeit missverstanden habe, als ob die Wissenschaft in seiner Person
geehrt werden sollte; er wünschte jedoch Nichts mit der
angebotenen Pension zu thun zu haben. Der gutmüthige
Edelmann sah die Sache anfänglich als einen ausgezeichneten Scherz an, späterhin aber wurde er veranlasst, sie
ernster aufzufassen. Eine vortreffliche Dame, welche sowohl mit Faraday als mit dem Minister befreundet war,
versuchte die Sache wieder ins Geleise zu bringen, allein
sie fand es sehr schwer, Faraday aus der einmal angenommenen Stellung herauszubringen. Nach vielen erfolg-
losen Anstrengungen bat sie ihn, anzugeben, was er von
Lord Melbourne verlangen würde, um seinen Entschluss
zu ändern. Er erwiderte: „Ich würde einen Wunsch ausdrücken, dessen Gewährung ich weder erwarten noch fordern kann, nämlich eine schriftliche Entschuldigung über
die Ausdrücke, welche er sich mir gegenüber zu gebrauchen erlaubte." Die verlangte Entschuldigung wurde
aufrichtig und vollständig gegeben, und gereicht, meiner
Ansicht nach, sowohl dem damaligen Premier als dem
Gelehrten zur Ehre.

Wenn man die riesigen Anstrengungen bedenkt,
welche Faraday seinen Geisteskräften auferlegte, so
bleibt die fast knabenähnliche Lebhaftigkeit, die er bis in
die letzten Lebensjahre bewahrte, doppelt erstaunlich.
Er war oft sehr abgemattet, allein er hatte eine ungeheure
Elasticität, und erholte sich immer dadurch, dass er sich
von London entfernte, so wie seine Gesundheit abnahm.
Ich habe bereits ausgesprochen, mit welchen Gedanken er
sich während seines Lebensabends trug. Er grübelte über
magnetische Media und Kraftlinien; und das grosse Ziel

seiner letzten Untersuchung war die Entscheidung der Frage, ob die magnetische Kraft Zeit bedürfe zu ihrer Verbreitung. Wir werden wohl niemals erfahren, auf welche Weise er diesen Gegenstand anzugreifen beabsichtigte. Allein er hat einige schöne Apparate hinterlassen: feine Räder und Zapfen und damit verbundene Spiegel, welche zu dieser Untersuchung gebraucht werden sollten. Der blosse Entwurf zu einer solchen Untersuchung ist ein Zeichen von Kraft und Hoffnung; und es ist unmöglich, zu sagen, zu welchen Resultaten ihn dieselbe geführt haben würde.

Allein die Arbeit war zu schwer für seinen ermüdeten Geist. Er konnte sich lange nicht entschliessen, dieselbe aufzugeben, und während dieses innern Kampfes litt er oft an geistiger Erschöpfung. Um jene Zeit, ehe er sich die Ruhe gönnte, welcher er sich in den zwei letzten Lebensjahren hingab, schrieb er mir den folgenden Brief — einen der vielen unschätzbaren Briefe, welche jetzt vor mir liegen, worin sein damaliger Geisteszustand besser geschildert ist, als dies eine andere Feder zu thun vermöchte. Ich war zuweilen in seiner Gegenwart wegen meiner Unternehmungen in den Alpen getadelt worden, allein seine Antwort lautete immer: „Lasst ihn nur gewähren, er wird sich schon in Acht zu nehmen wissen." In diesem Briefe jedoch kommt zum ersten Male eine gewisse Aengstlichkeit in Bezug hierauf zum Vorschein.

Hampton Court, 1. Aug. 1864.

Lieber Tyndall!

Ich weiss nicht, ob mein Brief Sie erreichen wird, allein ich will es immerhin wägen — obwohl ich mich recht wenig geeignet fühle, mit Jemanden zu verkehren, dessen Dasein so voll Leben und Unternehmungsgeist ist,

wie das Ihrige. Allein Ihr lieber Brief that mir kund,
dass ich, obwohl ich ganz vergesslich werde, doch nicht
vergessen worden bin; und obwohl ich nicht im Stande
bin, am Schlusse einer Zeile mich des Anfangs derselben
zu erinnern, so werden doch diese unvollkommenen Zeichen
Ihnen den Sinn dessen geben können, was ich Ihnen zu
sagen wünsche. Wir hatten von Ihrer Krankheit durch
Miss Moore gehört, und ich war deshalb sehr froh, zu
erfahren, dass Sie wiederhergestellt sind. Seien Sie aber
nicht allzu kühn, und setzen Sie Ihr Glück nicht in das
Bestehen oder Aufsuchen von Gefahren. Zuweilen bin
ich ganz müde, wenn ich nur an Sie und an das, was Sie
jetzt wohl vornehmen, denke; und dann tritt wieder eine
Pause oder eine Aenderung in den Bildern ein, allein ohne
dass ich dabei zur Ruhe käme. Ich weiss, dass dies in
hohem Grade von meiner eigenen erschöpften Natur herrührt; und ich weiss nicht, warum ich dies schreibe; während ich Ihnen schreibe, muss ich jedoch daran denken,
und diese Gedanken verhindern mich, auf andere Gegenstände zu kommen.

. . . . . . . . . . . . . . . . . . . .

Aber sehen Sie, welch eine sonderbare unzusammen-
hängende Epistel ich an Sie schreibe, und dennoch bin
ich so müde, dass ich mich sehne, meinen Schreibtisch zu
verlassen und mich auf das Ruhebett zu legen.

Meine liebe Frau und Jane senden ihre herzlichsten
Grüsse. Ich höre sie im nächsten Zimmer. Ich vergesse
Alles — aber Sie nicht, lieber Tyndall, denn ich bin
immer Ihr

M. Faraday.

Diese Müdigkeit liess nach, als er seine Arbeit auf-
gab, und ich habe einen heitern Brief von ihm vom Herbste
1865. Allein am Ende jenes Jahres erlitt er einen Krank-

heitsanfall, von welchem er sich nie wieder völlig erholte.
Er fuhr fort, die Sitzungen am Freitag Abend zu besuchen,
allein seine fortschreitende Hinfälligkeit war uns Allen
sichtbar. Völlige Ruhe wurde ihm schliesslich zur Nothwendigkeit und er erschien nicht mehr in unserer Mitte.
Keinerlei Leiden machte die Abnahme seiner Kräfte
schmerzlich für ihn oder für die Erinnerung derer, die
ihn liebten. Langsam und friedlich ging er der ewigen
Ruhe entgegen, und als diese endlich eintrat, war sein
Tod ein blosses Entschlummern. Er schied von uns in
der Fülle aller Ehren und des Alters; der gute Kampf
war gekämpft, das Werk der Pflicht — und soll ich nicht
sagen des Ruhmes — war gethan.

Die im vorigen Briefe erwähnte „Jane" ist Faraday's Nichte, Miss Jane Barnard, welche ihn mit einer
fast zu religiöser Verehrung gesteigerten Liebe bis zum
letzten Augenblicke gepflegt und gewartet hat.

Ich habe Faraday bei meiner Rückkehr von Marburg im Jahre 1850 zum ersten Male gesehen. Ich kam
hierher in die Royal Institution und schickte ihm meine
Karte mit einem Exemplar der Abhandlung, welche
Knoblauch und ich eben vollendet hatten, hinauf. Er
kam herunter und unterhielt sich eine halbe Stunde lang
mit mir. Ich bemerkte sofort den Ausdruck von Freundlichkeit und Intelligenz, den seine Gesichtszüge auf das
Wunderbarste wiedergaben. So lange er gesund war,
dachte man nie an sein Alter; und blickte man in seine
klaren, von Heiterkeit strahlenden Augen, so vergass man
völlig sein graues Haar. Damals stand er im Begriff, eine
seiner Abhandlungen über die magnetische Wirkung der
Krystalle herauszugeben, und hatte noch Zeit, in einer
schmeichelhaften Anmerkung die Arbeit, welche ich ihm
überreicht hatte, zu erwähnen. Ich kehrte nach Deutsch-

land zurück, arbeitete dort fast noch ein ganzes Jahr, und kam im Juni 1851 definitiv nach England zurück.

Damals begegnete mir zum ersten Male auf meiner Reise nach der Versammlung der British Association zu Ipswich ein Mann, welcher seitdem der Intelligenz seiner Zeit den Stempel aufgedrückt hat, und welcher mir seit lange ein Bruder wurde, und durch die innere Anziehungskraft mir auch als solcher verbleiben muss. Wir hatten beide damals keine bestimmte Aussichten, verlangten nach passender Arbeit und waren äusserst eifrig, die Gelegenheit dazu zu finden. An der Universität Toronto waren die Lehrstühle für Naturgeschichte und für Physik erledigt, wir meldeten uns dazu, er für die eine, ich für die andere Stelle; allein, möglicher Weise von einem prophetischen Instincte geleitet, wollten die Universitätsbehörden mit keinem von uns etwas zu thun haben. Wenn ich nicht irre, waren wir an einer andern Stelle ebenso unglücklich.

Einer der ersten Briefe, welchen ich von Faraday erhielt, handelte von dieser Toronto-Angelegenheit, die ich seiner Ansicht nach nicht vernachlässigen durfte. Allein Toronto hatte seine eigenen Ansichten, und im Jahre 1853 wurde mir auf Ansuchen von Dr. Bence Jones und auf die Empfehlung von Faraday hin ein Lehrstuhl für Physik an der Royal Institution angeboten. Ich wurde damals in Versuchung geführt, anderswohin zu gehen, allein eine starke Anziehungskraft hielt mich an seiner Seite gefesselt. Ich darf wohl sagen, dass es vorzugsweise die mir so unbeschreiblich theure Freundschaft Faraday's und einiger anderer Männer war, welche mir meine Stellung hier so viel lieber machte, als irgend eine andere, die man mir in diesem Lande hätte anbieten können. Auch jetzt schätze ich meine Stellung nicht der äussern Ehre halber, obwohl ja auch diese wahrlich gross

genug ist, sondern der persönlichen Beziehungen wegen,
die mich fest daran knüpfen. Sie würden mir kaum
glauben, wenn ich Ihnen sagen wollte, wie gering ich die
Ehre anschlage, Faraday's Nachfolger zu sein, im Vergleich mit der, Faraday's Freund gewesen zu sein. Seine
Freundschaft war kraftvolles Leben und Begeisterung,
sein „Talar" ist eine Bürde, die fast zu schwer ist für
andere Schultern.

Während des letzten Jahres seines Lebens besuchte
ich ihn zuweilen oben in seiner Wohnung auf Mrs. Faraday's Erlaubniss oder Einladung hin. Der strahlende
Ausdruck, welcher zur Zeit seiner Kraft sein Antlitz auf so
wunderbare Weise erhellte, leuchtete noch warm und still
daraus hervor und erhellt meine letzte Erinnerung an ihn.

Ich kniete eines Tages neben ihm nieder, und legte
meine Hand auf seine Knie; er streichelte sie liebevoll
und murmelte mit leiser, sanfter Stimme die letzten Worte,
welche Michael Faraday zu mir sprach.

Es war mein Streben und mein Wunsch, die Stelle
Schiller's bei diesem Goethe einzunehmen; und er war
zu Zeiten so freudig und kräftig — körperlich so rüstig
und geistig so klar, dass mir oft der Gedanke kam, auch
er werde, wie Goethe, den jüngern Mann überleben. Das
Schicksal wollte es anders, und jetzt lebt er nur noch in
unser Aller Erinnerung. Aber wahrlich, kein Andenken
könnte schöner sein. Geist und Herz waren gleich reich
bei ihm. Die schönsten Züge, die der Apostel Paulus
von einem Charakter entworfen hat, fanden bei ihm die
vollkommenste Anwendung. Denn er war „ohne Tadel,
wachsam, mässig, von gutem Betragen, geneigt zur Lehre
und nicht dem irdischen Gewinn ergeben." Er hatte
keine Spur von weltlichem Ehrgeiz; er legte seine Gesinnung gegen seine Monarchin dadurch an den Tag, dass

er in jedem Jahre bei einem Lever erschien; allein darüber hinaus suchte er keine Berührung mit den Grossen. Sein Verstandes- und Geistesleben war so reich, dass die Dinge, welchen die meisten Menschen nachstreben, für ihn ganz gleichgültig erschienen. „Gebt mir Gesundheit und einen Tag, so werde ich den Glanz aller Kaiser lächerlich machen," sagte der kühne Emerson. Faraday konnte mit besonderm Nachdruck dasselbe sagen. Was war für ihn die Pracht der Paläste im Vergleich mit einem Gewitter an der Küste von Brighton? Welche Herrlichkeiten des Königthums könnten mit dem Sonnenuntergange verglichen werden? Ich erwähne ein Gewitter und einen Sonnenuntergang, weil diese Dinge ihn zu einer Art von Exstase brachten; einem Geiste, der solchen Eindrücken zugänglich ist, gelten die Pracht und die Lustbarkeiten dieser Welt nur sehr wenig. Faraday war durch die Natur, nicht durch die Erziehung erstarkt in der Bildung. Einer seiner Lieblingsversuche gab ein Abbild von ihm selbst. Er zeigte gern, wie das Wasser durch die Krystallisation alle fremden Bestandtheile ausscheidet, auch wenn dieselben noch so enge mit ihm verbunden sind. Der Eiskrystall kam dann unvermischt und rein aus Säuren, Alkalien und salzigen Lösungen zum Vorschein. Durch einen ähnlichen natürlichen Vorgang vereinigten sich Schönheit und hoher Sinn in diesem Manne und schlossen jede gemeine oder niedrige Regung aus. Er hatte seine Vornehmheit nicht in der Welt gelernt, denn er zog sich vor deren Einfluss zurück; allein trotzdem gab es in ganz England keinen ächtern Gentleman als ihn. Seine Grösse war nur zum Theil in seiner Wissenschaft zum Vorschein gekommen, denn die Wissenschaft konnte seine Herzenshoheit und sein Zartgefühl nicht zeigen.

Faraday.

Allein es ist Zeit, dass ich diesen schwachen Ausdrücken Einhalt gebiete und meinen Kranz niederlege auf dem Grabe dieses

„Gerechten und getreuen Gottesknechtes".

# Anhang I.

----

## (1791 bis 1804.)

Michael Faraday stammte aus einer dem Arbeiterstande angehörigen, sehr religiösen Familie. Schon seit mehreren Generationen huldigten seine Vorfahren den extremsten Ansichten zu Gunsten der Duldung und Trennung der Kirche vom Staat. Eben diese Grundsätze waren es, die zuerst die Entsetzung des Predigers John Glas und später den Austritt seines Schwiegersohnes R. Sandeman aus der presbyterianischen Kirche Schottlands zur Folge hatten. Dass der offenbarte Wille Christi das höchste und einzige Gesetz, nicht nur in Kirchenfragen, sondern in jedem Gedanken, jedem Worte und jeder That sein solle, war der Glaube derer, welche Faraday während seiner Kindheit umgaben, und an diesem Glauben hielt er lebenslang fest, als sei er eine ihm persönlich kundgethane Offenbarung.

Sein Vater, James, war als das dritte von zehn Kindern zu Clapham in Yorkshire geboren. Er war Grob-

schmied; sein ältester Bruder war Schieferdecker, Gewürz-
krämer und Müller zugleich; ein anderer Bruder war Päch-
ter, ein dritter Packer, ein vierter Kaufmann und der
jüngste war Schuhmacher. Ein anderer starb jung, in
dem Jahre als Michael geboren wurde, und ein Brief der
Mutter des jungen Mannes zeugt von der Stärke des religiösen Gefühls bei der Mutter wie bei dem Sohne.

Mit 25 Jahren, im Jahre 1786, heirathete James
Faraday Margaret Hestwell, die Tochter eines Päch-
ters in der Nähe von Kirkby-Stephen. Bald nach ihrer
Verheirathung zogen sie nach Newington (Süd-London)
in Surrey, wo Michael, ihr drittes Kind, am 22. September 1791 in einem Hause geboren wurde, das wahrscheinlich längst niedergerissen worden ist. Die Heimath
Michael Faraday's war fast zehn Jahre hindurch eine
über Stallungen gelegene Wohnung in einer Hinterstrasse
in der Nähe von Manchester Square, von wo seine Eltern
im Jahre 1809 nach Weymouthstreet 18 zogen.

Faraday selbst hat später die Stelle gezeigt, wo er
in Spanish Place mit Steinkügelchen gespielt, und dann
wiederum, wo er etliche Jahre später seine kleine Schwester
hütete. Er sagt: „Meine Erziehung war von der ge-
wöhnlichsten Art und beschränkte sich fast nur auf die
Anfangsgründe des Lesens, Schreibens und Rechnens in
einer Volksschule. Meine Freistunden brachte ich zu
Hause oder auf der Strasse zu."

Einige Schritte von der väterlichen Wohnung entfernt war ein Buchladen, Blandfordstreet Nr. 2. Dort
trat er, 1804, als dreizehnjähriger Knabe auf ein Jahr zur
Probe in die Lehre, bei Hr. George Riebau. Als
Faraday einst mit einer Nichte spazieren ging und sie
an einem kleinen Zeitungsträger vorüberkamen, sagte er:

„für solche Knaben fühle ich immer eine Zärtlichkeit,
weil ich einst selbst Zeitungen herumgetragen habe."

### (1805 bis 1811).

Am 7. October 1805, als Faraday 14 Jahre alt war,
wurde er definitiv, und seiner geleisteten Dienste wegen
unentgeltlich, von Riebau in die Lehre genommen. Vier
Jahre später, 1809, schrieb sein Vater: „Michael ist
Buchbinder und im Erlernen seines Geschäftes sehr eifrig.
Von seinen sieben Dienstjahren sind fast vier verstrichen.
Sein Principal und dessen Frau sind sehr brave Leute
und seine Stelle gefällt ihm gut. Anfangs hatte er eine
schwere Zeit durchzumachen, aber, wie das alte Sprich-
wort sagt: Jetzt hat er den Kopf über Wasser, da er
zwei andere Knaben unter sich hat."

Faraday selbst sagt: „Als Lehrling liebte ich die
wissenschaftlichen Bücher zu lesen, die mir unter die
Hände kamen, und von diesen entzückten mich Marcet's
„Gespräche über die Chemie" und die Abhandlungen über
Elektricität in der „Encyclopaedia Britannica". Ich
machte solche einfache chemische Experimente, wie ich
sie mit einigen „pence" wöchentlicher Einnahme bestreiten
konnte; auch verfertigte ich eine Elektrisirmaschine,
zuerst mit einer Glasflasche und nachher mit einem
wirklichen Cylinder, sowie noch andere elektrische Apparate entsprechender Art." Er erzählte einem Freunde,
Watt's „Ueber den Geist" habe ihn zuerst zum Denken
angeregt, und durch den Artikel „Elektricität" in einer
Encyclopädie, die er zu binden gehabt habe, sei seine Aufmerksamkeit zuerst auf die Wissenschaft gelenkt worden.

„Mein Meister," sagte er, „erlaubte mir gelegentlich
Abends die Vorlesungen zu hören, die Herr Tatum über
Physik in seinem Hause, 53, Dorset Street, Fleet Street,
hielt. Ich erfuhr von diesen Vorlesungen durch Anschlag-
zettel in den Strassen und Ladenfenstern in der Nähe
seines Hauses. Die Stunde war acht Uhr Abends. Das
Eintrittsgeld betrug 1 Schilling für die Vorlesung und
mein Bruder Robert, der drei Jahre älter als ich und
Grobschmied, wie der Vater, war, schenkte mir das Geld
zu mehreren derselben. Ich hörte vom 19. Februar 1810
bis zum 26. September 1811 zwölf oder dreizehn dieser
Vorlesungen. Hier war es, wo ich zuerst mit dem Namen
von Magrath, Newton, Nicol und Anderen bekannt
wurde.

Von einem Hrn. Masquerier lernte er Perspective,
um sich die Zeichnungen zu diesen Vorlesungen machen
zu können. „Masquerier lieh mir Taylor's Perspective,
einen Quartband, den ich genau studirte und zur Uebung
der Regeln alle die Zeichnungen nachzeichnete, auch andere sehr einfache entwarf, wie z. B. Würfel, Pyramiden
oder perspectivische Säulen. Ich mochte immer sehr
gern Vignetten und kleine Gegenstände mit Tusche nach-
zeichnen; aber ich fürchte, es war ein blosses Nachahmen
der Linien, bei dem mein Gefühl für den Gesammteindruck
der Zeichnung und den Antheil der einzelnen Linien daran
wenig Anregung fand." Wie er sich selbst in dieser Zeit
erzog, und welches die Gegenstände waren, die ihn interessirten, kann man aus einem Manuscripte (einem schwachen
Schimmer seiner nachherigen Leistungen) ersehen; es
trug den Titel: „Philosophische Sammlung vermischter
Aufsätze, enthaltend Notizen, Ereignisse, Begebenheiten
u. s. w., bezüglich auf Künste und Wissenschaften, gesammelt aus Zeitungen, Revuen, Journalen und anderen

gemischten Schriften; dafür bestimmt, sowohl Vergnügen als Belehrung zu fördern, und auch diejenigen Theorien, welche sich fortwährend in der wissenschaftlichen Welt aufthun, zu bekräftigen oder ungültig zu machen. Gesammelt von M. Faraday 1800 bis 1810."

1811 wurde er bei Hrn. Tatum mit Hrn. Huxtable und Hrn. Benjamin Abbott bekannt; Ersterer war ein Studiosus der Medicin, Letzterer, ein Quäker, hatte eine Anstellung in einem Geschäftshause in der City.

Herr Huxtable lieh ihm Parke's „Chemie", die Faraday für ihn gebunden hatte, und die dritte Auflage von Thomson's „Chemie".

## (1812).

Unter den wenigen Aufzeichnungen, die Faraday über sein eigenes Leben gemacht hat, finden sich die folgenden:

„Während meiner Lehrzeit hatte ich, durch die Freundlichkeit des Hrn. Dance, der ein Kunde meines Herrn und auch ein Mitglied der Royal Institution war, das Glück, an diesem Orte vier der letzten Vorlesungen von Sir H. Davy zu hören (Faraday sass immer auf der Gallerie über der Uhr). Ich machte mir Anmerkungen zu denselben, und arbeitete sie dann aus, indem ich, so gut als ich es konnte, Zeichnungen dazwischen setzte. Der Wunsch, wissenschaftlich beschäftigt zu sein, veranlasste mich in meiner Unkenntniss der Welt und in der Einfalt meines Gemüthes, noch als Lehrling an Sir Joseph Banks, damaligem Präsidenten der „Royal Society", zu schreiben. Ich erkundigte mich beim Portier nach einer Antwort, aber natürlich vergebens."

Sonntag, den 12. Juli 1812, drei Monate vor Ablauf seiner Lehrzeit, schrieb Faraday zum ersten Male an seinen Freund Hrn. Benjamin Abbott (der anderthalb Jahre jünger als er selbst war). Aus diesem und den darauf folgenden Briefen, ist bereits ersichtlich, was er seiner Natur nach war, und auf welche Stufe ihn seine Selbsterziehung gehoben hatte.

„Ich habe kürzlich einige einfache galvanische Experimente gemacht, bloss um mir selbst die ersten Grundsätze dieser Wissenschaft zu erklären. Ich wollte mir von Knight Nickel holen, bedachte aber dann, dass ich dort ausgewalztes Zink haben könne. Ich fragte danach und erhielt etwas; haben Sie schon welches gesehen? Was ich zuerst bekam, war in den allerdünnsten Stücken in Form von Platten. Man theilte mir mit, dasselbe sei für den elektrischen Rauch oder, wie ich es zuvor nannte, für de Luc's elektrische Säule dünn genug. Ich bezweckte von dem Zink Scheiben zu bilden und mit diesen und Kupfer eine Batterie herzustellen. Die erste, die ich vollendete, enthielt die unermessliche Anzahl von sieben Plattenpaaren!!! jede von der unermesslichen Grösse eines halben Pennys!!!!! Ich, mein Herr, ich, in eigenster Person, schnitt sieben Scheiben, jede von der Grösse eines „halben" Pennys! Ich, mein Herr, bedeckte sie mit sieben halben Pennystücken und legte dazwischen sieben oder vielmehr sechs Stücke Papier, die mit einer Lösung von salzsaurer Soda getränkt waren!! Aber, lachen Sie nicht mehr, lieber A., sondern wundern Sie sich über die Wirkungen, die diese geringe Kraft hervorbrachte; sie genügte, um die Zersetzung von schwefelsaurer Magnesia zu bewirken, eine Wirkung, die mich in das äusserste Erstaunen versetzte." Und dann beschreibt er, wie er eine grössere Batterie aufbaute und grössere und weitere Wirkungen

erhielt; er bespricht die Erfolge und redet seinem Freunde
zu, über diese Thatsachen nachzudenken und „bitte," ruft
er aus, „lieber Freund, bitte, lassen Sie mich Ihre Meinung
wissen." Am Montag fügte er eine Nachschrift bei: „Ich bin
eben von einer verdriesslichen Muthlosigkeit befallen. Ich
habe eine vortreffliche Anstellung in Aussicht und kann
sie wegen mangelnder Fähigkeit nicht annehmen. Ver-
stände ich so viel von Mechanik, Mathematik, Messen
und Zeichnen, wie von anderen Wissenschaften, d. h., hätte
ich mich zufällig mit diesen, statt mit anderen Wissenschaften befasst, so hätte ich eine Stelle haben können,
und noch dazu eine leichte Stelle, und zwar in London
mit 5-, 6-, 7- bis 800 Pfund Sterling jährlich. Aber, ach!
über die Unfähigkeit! Ich muss mir über den Punkt
Ihren Rath erbitten, und beabsichtige, wenn ich kann, Sie
nächsten Sonntag zu besuchen. Ein nothwendiges Er-
forderniss würde in diesem Falle Kenntniss der Dampfmaschine sein, und überhaupt Alles, wobei Eisen eine
Rolle spielt, käme dabei in Betracht."

In seinem nächsten Briefe, wo er von neuen Experi-
menten mit seiner Batterie spricht, sagt er: „Ich muss
mich mehr auf Ihre Experimente als auf die meinen verlassen; ich habe keine Zeit und der Gegenstand bedarf
verschiedener Versuche." Und in einem am 11. August
geschriebenen Briefe heisst es: „Die Feuerwerkerkunst
ist eine sehr schöne, aber ich habe nie einen praktischen
Fortschritt darin gemacht, mit Ausnahme der Ver-
fertigung einiger schlechten Raketen; also werden Sie in
dieser Beziehung wenig durch mich gewinnen."

In dem darauf folgenden Briefe (19. August) schreibt
er: „Ich finde keinen andern Gegenstand, über den ich
schreiben könnte, als das Chlor. Erstaunen Sie nicht,
mein lieber A., über den Eifer mit welchem ich diese neue

Theorie ergreife. Ich habe Davy selbst darüber sprechen
hören. Ich habe ihn Experimente (entscheidende Experimente) zur Erklärung derselben anstellen sehen, und ich
habe ihn diese Experimente auf die Theorie, in einer für
mich unwiderstehlichen Weise, anwenden und erklären und
geltend machen hören. Lieber Freund, Ueberzeugung er-
griff mich und ich war gezwungen, ihm zu glauben, und
dem Glauben folgte Bewunderung."

In einem Briefe, ungefähr vierzehn Tage vor Beendigung seiner Lehrzeit, sagt er: „Ihr Lob über meine Nachschrift der Vorlesungen (von Davy) nöthigt mich demüthigst
wegen der zahlreichen (sehr, sehr zahlreichen) Irrthümer,
welche sie enthalten, um Entschuldigung zu bitten. Verstehe ich Sie recht, so können die negativen Worte „keine
Schmeichelei" durch das positive „Ironie" ersetzt werden;
sei dem so, ich beuge mich Eurer höhern, scholastischen
Gelehrsamkeit, Sir Ben! Meine Nachschrift enthält Irrthümer, mit denen nicht zu scherzen ist, da sie nicht so
sehr meine eigene, als die Darstellung von Sir H. betreffen, und zwar beziehen sich die Irrthümer auf die
Theorie. Ich bin mir dieser Irrthümer bewusst und ich
wünschte, Sie wiesen mich auf dieselben hin, ehe Sie sie
Davy zuschreiben."

Der letzte Brief vor der grossen Veränderung (1. October 1812) enthält unter Anderm Folgendes: „Ich freue
mich Ihres Entschlusses, das Thema von der Elektricität
zu verfolgen, und zweifle nicht, dass ich einige sehr in-
teressante Briefe darüber erhalten werde. Allerdings
wünsche ich (und werde es möglich zu machen suchen)
bei Anstellung der Experimente gegenwärtig zu sein, aber
Sie wissen, dass ich bald das Leben eines Buchbinder-
gesellen beginnen werde, und dann, vermuthe ich, wird
die Zeit mir noch knapper zugemessen sein, als jetzt."

Am 8. October ging er als Buchbindergeselle zu einem
Hrn. de la Roche, einem, damals in London weilenden,
französischen Emigranten. Sein Meister war ein sehr hef-
tiger Mann und plagte seine Gehülfen sehr, so sehr, dass
F. fühlte, er könne in dieser Stelle nicht bleiben, obgleich
ihm sehr lockende Anträge gestellt wurden. Sein Meister
mochte ihn gern, und um ihn zum Bleiben zu bewegen,
sagte er: „Ich habe kein Kind, und wenn Sie bei mir
bleiben wollen, sollen Sie nach meinem Tode Alles, was
ich besitze, erhalten."

In seinem ersten Briefe an seinen Freund Abbott,
nach Beendigung seiner Lehrzeit, heisst es: „Was die
von Ihnen angenommene Veränderung in meiner Lage
und meinen Angelegenheiten betrifft, so ist, Dank
sei meinem frühern Meister, davon kaum zu reden. Freiheit und Zeit habe ich womöglich noch weniger als zuvor, obgleich ich hoffe, dass meine Fähigkeit sie zu be-
nutzen, nicht zugleich abgenommen hat. Ich weiss wohl,
welche unverbesserliche Uebelstände durch den Missbrauch dieser Segnungen erwachsen. Diese liess mich
der gesunde Menschenverstand erkennen, und ich verstehe
nicht, wie Jemand, der über seinen eigenen Stand, seine
eigenen freien Beschäftigungen, Vergnügungen, Handlungen etc. nachdenkt, dumm genug sein kann, um solchen
Missbrauch zu begehen. Ich danke dem Helfer, welchem
aller Dank gebührt, dass ich im Allgemeinen kein über-
triebener Verschwender der Segnungen bin, welche mir
als Mensch geworden sind: ich meine Gesundheit, lebhaftes Gefühl, Zeit und zeitliche Hülfsmittel. Verstehen Sie
mich recht, denn ich wünschte nicht missverstanden zu
werden: Ich bin mir meiner eigenen Natur wohl bewusst;
sie ist böse und ich fühle ihren Einfluss tief. Ich weiss
auch, dass — aber ich sehe, dass ich unvermerkt auf eine

theologische Frage übergegangen bin, und da diese Dinge nicht oberflächlich zu behandeln sind, so enthalte ich mich, sie weiter zu verfolgen."

Seinem Freunde Huxtable schreibt er am 18. Oct.: „Da ich mir dachte, dass es besser wäre, meine Antwort zu verschieben bis meine Lehrzeit abgelaufen sei, so that ich es; dies fand am 7. October statt und seitdem habe ich bei weitem weniger Zeit und Freiheit gehabt als vorher. Meine Aussichten auf eine gewisse Stelle zerschlugen sich, und ich arbeite jetzt in meinem alten Gewerbe, welches ich bei der ersten passenden Gelegenheit zu verlassen wünsche. Ich bin gegenwärtig in sehr gedrückter Stimmung und weiss kaum in einem Tone fortzufahren, der Ihnen irgend angenehm sein könnte."

„Mr. Dance ermuthigte mich," sagt er, „an Sir Humphry Davy zu schreiben, und ihm als Beweis meines ernsten Strebens die Ausarbeitungen zu senden, welche ich nach seinen letzten vier Vorlesungen gemacht hatte. Die Antwort erfolgte augenblicklich, und war gütig und günstig. Hiernach fuhr ich fort, als Buchbinder zu arbeiten mit Ausnahme einzelner Tage, an welchen ich als Amanuensis für Sir H. Davy zu schreiben hatte, zur Zeit, wo Letzterer durch eine Explosion von Chlor-Stickstoff am Auge verwundet war.

Am 24. December 1812 schrieb Sir Humphry Davy an Faraday: „Mein Herr! Ich bin weit davon entfernt, mit dem Beweise Ihres Vertrauens unzufrieden zu sein, und finde vielmehr, dass Sie grossen Eifer, Gedächtnisskraft und Aufmerksamkeit entfalten. Ich bin genöthigt die Stadt zu verlassen, und werde nicht vor Ende Januar dahin zurückkehren. Alsdann jedoch werde ich Sie zu jeder Zeit, wann Sie es wünschen, empfangen, und es würde mich freuen, Ihnen irgend nützlich sein zu können;

ich wünschte, das stände in meiner Macht. Ich bin, mein
Herr, Ihr gehorsam ergebener Diener."

## (1813.)

„Ich ging," sagt Faraday, „in die ‚City philosophical
Society', die 1808 im Hause des Mr. Tatum, wie ich
glaube von ihm selbst, gegründet worden war. Er führte
mich 1813 als Mitglied in die Gesellschaft ein. Magrath war Secretär derselben. Sie bestand aus 30 bis 40
Leuten, welche alle den niederen oder mittleren Ständen angehörten. Diese Leute kamen jeden Mittwoch
Abend zu gegenseitiger Belehrung zusammen. Jeden
zweiten Mittwoch waren die Mitglieder allein, um die
Fragen, die von jedem der Reihe nach vorgebracht wurden, zu verhandeln und zu erörtern. An den dazwischen
liegenden Mittwoch Abenden liess man auch Freunde der
Mitglieder zu, und es wurde ein literarischer oder naturwissenschaftlicher Vortrag gehalten, indem ein jedes der
Mitglieder, wo möglich der Reihe nach, diese Pflicht übernahm, widrigenfalls es eine halbe Guinee Strafe zahlen
musste. Diese Gesellschaft trat sehr anspruchlos auf,
aber ihre Leistungen waren von grossem Werthe für die
Mitglieder." („Ich erinnere mich auch," sagt einer der
Theilnehmer, „dass wir ein „Classenbuch" hatten, in
welches wir der Reihe nach Aufsätze schrieben und das
von Haus zu Haus ging.")

Bei seiner ersten Zusammenkunft mit Sir H. Davy
rieth ihm dieser, bei seinem Buchbindergeschäfte zu bleiben, und versprach, ihm die Arbeit für die „Institution",
sowie für Sir Humphry Davy selbst und für diejenigen
seiner Freunde, die er dazu bewegen könne, zuzuwenden.

In Weymouth Street wurde er eines 'Abends durch
ein lautes Klopfen an der Thür aufgeschreckt, und als
er hinaussah, erblickte er eine Kutsche, von welcher der
Lakai herunter gestiegen war und ein Billet für ihn
hinterlassen hatte. Es war eine Aufforderung von Sir
H. Davy, ihn am nächsten Morgen zu besuchen. Sir
Humphry berief sich bei diesem Besuche auf ihre frühere
Zusammenkunft, fragte ihn, ob er seinem damaligen Ent-
schlusse treu geblieben sei, und theilte ihm mit, dass er
für diesen Fall ihm die Stelle eines Assistenten in dem
Laboratorium der Royal Institution geben wolle, da er
Tags zuvor den bisherigen Inhaber entlassen habe. Die
Besoldung war 25 Sh. die Woche nebst zwei Stuben im
obersten Stock des Hauses.

Die „Royal Institution", an der Faraday von nun
bis zum Ende seines Lebens wirkte, ist, wie die meisten
wissenschaftlichen Einrichtungen Englands, kein Re-
gierungsinstitut, trotz der Bezeichnung „Königlich" (Royal),
sondern ist durch eine Privatgesellschaft gegründet und noch
in deren Besitz. König Georg III. gehörte mit zu den Grün-
dern, daher der Name. Der wesentliche Zweck der Anstalt
ist der, populäre Vorlesungen über Naturwissenschaften
halten zu lassen. Deren giebt es zweierlei, die in dem vorliegenden Buche oft erwähnten Freitag-Abend-Vorlesungen, zu denen nur die Mitglieder oder eingeführte Gäste
Zutritt haben und in denen meistens die neuesten Entdeckungen auseinander gesetzt werden, und die Vorlesungs-
curse, die während der Saison täglich von 3 bis 4 Uhr gehalten werden, zu denen auch Nichtmitglieder Eintritts-
karten kaufen können. Diese letzteren Vorlesungscourse
geben in 3, 6, 12 oder mehr Stunden populäre, aber doch
mehr systematische Darstellungen einzelner Zweige der
Naturwissenschaften, gelegentlich jedoch auch aus dem Ge-

biete der Kunst, der vergleichenden Sprachforschung u. s. w.
Das Institut besitzt ein Haus in einer der stilleren Seiten-
strassen (Albemarl Street) des Westends von London,
darin ein chemisches und ein physikalisches Laboratorium,
eine sehr reiche naturwissenschaftliche Bibliothek, Instru-
mentensammlung, Auditorium, Leseräume u. s. w. Unter
seinen Mitgliedern sind die höchsten Kreise der Gesellschaft ebenso reichlich vertreten wie die wissenschaftlichen, und es hat seine Existenz offenbar einen erheblichen
und vortheilhaften Einfluss auf die Ausbreitung naturwissenschaftlicher Kenntnisse in weiten Kreisen geübt,
wie es andererseits auch den Männern der Wissenschaft
die sehr erwünschte Gelegenheit giebt, schnell alle neuen
Entdeckungen, Versuche u. s. w. aus eigener Anschauung
kennen zu lernen, da zu den Freitag-Abend-Vorlesungen
die Vortragenden aus den entferntesten Städten der
Britischen Inseln herbeizukommen pflegen.

Schon am 8. März des genannten Jahres datirte Faraday seinen ersten Brief von der Royal Institution an
seinen Freund Abbott:

„Ich bin heute theilweise damit beschäftigt gewesen,“
heisst es in demselben, „aus einer Partie rother Rüben
Zucker zu extrahiren und auch eine Verbindung von
Schwefel und Kohle herzustellen — eine Verbindung, die
neuerdings die Aufmerksamkeit der Chemiker vielfach in
Anspruch genommen hat.“

Einen Monat später sagt er: „Wenn ich an Sie
schreibe, so ist mir dies eine Veranlassung, danach zu
streben, dass ich Ihnen eine Beobachtung oder einen Versuch klar beschreibe. Sie sehen also, dass ich zu meiner
Correspondenz mit Ihnen zum Theil durch selbstsüchtige
Beweggründe getrieben werde, aber obgleich selbstsüchtig,
sind sie darum nicht tadelnswerth.

„In Uebereinstimmung mit dem oben Gesagten werde
ich jetzt fortfahren, Ihnen über die Erfolge einiger Experimente, über die explodirende Verbindung von Chlor
und Stickstoff zu berichten, und ich freue mich zu sagen,
dass ich es mit Ruhe thun kann, denn ich bin (wenn auch
nicht unbeschädigt) vier verschiedenen, starken Explo-
sionen dieser Substanz entgangen. Die schlimmste davon
erfolgte, während ich zwischen Daumen und Zeigefinger
eine kleine Röhre hielt, in der $7\frac{1}{2}$ Gran der Substanz
enthalten waren. Mein Gesicht war nur 12 Zoll von der
Röhre entfernt, aber glücklicher Weise hatte ich eine
gläserne Larve vor. Die Explosion erfolgte durch die geringe Hitze eines kleinen Stückchens Kitt, welches das
Glas von der Aussenseite, über einen halben Zoll von der
Substanz entfernt, berührte, und war so heftig, dass mir
die Hand aufflog, ein Theil eines Nagels abgerissen wurde
und meine Finger so wund wurden, dass ich sie noch
nicht mit Bequemlichkeit brauchen kann. Die Stücke der
Röhre wurden mit solcher Gewalt geschleudert, dass sie
in die gläserne Larve einschnitten."

Ein Brief vom 1. Juni lautet: „Der Gegenstand, bei
dem ich jetzt insbesondere verweilen werde, hat schon
seit beträchtlicher Zeit meine Gedanken in Anspruch genommen und bricht nun in seiner ganzen Verwirrung hervor. Die Gelegenheit, die ich neuerdings hatte, Vorlesungen
von den verschiedenen Professoren zu hören und Belehrung von ihnen zu empfangen, während sie ihren amtlichen Pflichten nachkamen, hat mich in den Stand gesetzt, ihre verschiedenen Gewohnheiten, Eigenthümlich-
keiten, Trefflichkeiten und Mängel zu beobachten, wie sie
mir während des Vortrags klar geworden sind. Ich liess
auch diese Aeusserungen der Persönlichkeit meiner Beobachtung nicht entgehen, und, wenn ich mich befriedigt

fühlte, suchte ich dem besondern Umstande, der mir solchen Eindruck gemacht hatte, auf die Spur zu kommen.
Ich beobachtete ferner die Wirkung, welche die Vorlesungen von Brande und Powell auf die Zuhörer ausübten,
und suchte mir klar zu machen warum dieselben gefielen
oder missfielen."

„Es mag vielleicht eigenthümlich und ungehörig erscheinen, dass Jemand, der selbst völlig unfähig zu einem
solchen Amte ist, und der nicht einmal auf die dazu nöthigen
Eigenschaften Anspruch machen kann, sich erkühnt, Andere zu tadeln und zu loben; seine Zufriedenheit über dieses,
sein Missfallen über jenes auszudrücken, wie sein Urtheil
ihn gerade leitet, während er die Unzulänglichkeit seines
Urtheils zugiebt. Aber bei näherer Betrachtung finde ich
die Ungehörigkeit nicht so gross. Bin ich dazu unfähig,
so kann ich offenbar noch lernen; und wodurch lernt man
mehr, als durch Beobachtung Anderer? Wenn wir niemals urtheilen, werden wir nie richtig urtheilen, und es
ist viel besser, unsere geistigen Gaben gebrauchen
zu lernen (und wäre ein ganzes Leben diesem Zwecke
gewidmet), als sie in Trägheit zu begraben, eine traurige
Oede hinterlassend." Dann führt er in drei Briefen seine
Bemerkungen über Hörsäle, Vorträge, Apparate, Zeichnungen, Versuche und Auditorien weiter aus, und als man
ihn zwei Jahre später drängt, dieselben zu vollenden,
lautet seine Antwort am 31. December 1816: „Was
meine Bemerkungen über Vorträge betrifft, so muss ich
sagen, dass ich ein ganzer Neuling in der Kunst bin, und
darum müssen Sie mit dem, was Sie haben, zufrieden sein,
oder in Zukunft einmal eine gedrängte Wiederholung,
oder besser eine Revision derselben erwarten."

„In diesem Frühjahr stifteten Magrath und ich
den „gegenseitigen Unterrichtsplan", und wir kamen

entweder in meinen Dachstuben in der Royal Institution
oder in Woodstreet in seinem Magazine zusammen. Unsere Verbindung bestand aus ungefähr sechs Personen,
hauptsächlich von der „City Philosophical Society", die
sich Abends trafen, um zusammen zu lesen und gegenseitig ihre Aussprache, sowie ihren Satzbau zu beur-
theilen, zu verbessern und zu vervollkommnen. Die
Disciplin war kräftig, die Bemerkungen sehr aufrichtig
und offen und die Resultate sehr werthvoll." Diese Gesellschaft erhielt sich mehrere Jahre hindurch. Am
Samstag Abend fanden die Zusammenkünfte in den
Dachstuben der Royal Institution, damals Faraday's
Wohnung, Statt.

Er sagt: „Im Herbst entschloss sich Sir H. Davy ins
Ausland zu gehen und forderte mich auf, ihn als Amanuensis zu begleiten, mit dem Versprechen, ich solle bei
meiner Rückkehr nach England meine Stelle an der Institution wieder einnehmen dürfen. Daraufhin nahm
ich das Anerbieten an, verliess die Institution am 13. Oct.,
und nachdem ich in diesem und dem darauf folgenden
Jahre mit Sir H. Davy in Frankreich, Italien, der
Schweiz, Tyrol, Genf u. s. w. gewesen war, kehrte ich nach
England und London den 23. April 1815 zurück."

Während er in der Fremde war, führte er ein regel-
mässiges Tagebuch, „nicht," wie er sagt, „um zu unter-
weisen oder zu belehren, oder um auch nur eine unvoll-
kommene Idee des darin Besprochenen zu geben; sein
einziger Nutzen soll sein, meinem Geiste in künftigen
Zeiten die Dinge, die ich jetzt sehe, wieder zurückzurufen,
und die beste Weise, dies zu bewirken, wird wohl sein,
alle meine jetzigen Eindrücke, seien sie gut oder
schlecht, nieder zu schreiben." Aus diesem Tagebuche
und aus seinen Briefen an seine Mutter und an seinen

Freund Benjamin Abbott können hier nur einige charakteristische Stellen gegeben werden.

Er schrieb in sein Tagebuch, Mittwoch, 13. October:
„Heute Morgen begann ein neuer Abschnitt in meinem
Leben. So weit meine Erinnerung reicht, habe ich mich
niemals auf eine grössere Strecke als zwölf Meilen von
London entfernt (als kleines Kind war er, meistentheils zu
Wasser, nach Newcastle und Whitehaven gebracht worden),
und jetzt verlasse ich es vielleicht auf viele Jahre, um
Orte zu besuchen, zwischen denen und meiner Heimath
ganze Königreiche liegen. Es ist in der That ein selt-
sames Wagniss, uns in dieser Zeit nach einem fremden
und feindlichen Lande zu reisen, wo man überdies der
Ehrenhaftigkeit Anderer so wenig vertraut, dass der ge-
ringste Verdacht genügen würde, um uns für immer von
England, vielleicht vom Leben zu scheiden. Aber die
Wissbegierde hat häufig noch grössere Gefahren als die
gegenwärtige bestanden, und warum sollte ich mich jetzt
darüber wundern? Kehren wir wohlbehalten zurück,
so werden die Freuden der Erinnerung sehr durch die
bestandenen Gefahren erhöht sein; wie aber das Schicksal
unserer Gesellschaft sich gestalten möge, der Trost
bleibt uns sicher, dass Abwechselung (eine reiche Quelle
der Unterhaltung) und Vergnügen uns zu Theil werden
müssen."

Man kann eine kleine Vorstellung der Mannichfaltig-
keit seiner Beobachtungen durch die folgende Anmerkung
erhalten: „Dreux, den 28. October. Ich kann nicht umhin einem Thiere, das hier zu Lande vorkommt, einen
Ausruf der Bewunderung zu widmen: nämlich den Schweinen. Zuerst war ich geradezu über ihre Natur zweifelhaft;
denn obgleich sie zugespitzte Nasen, lange Ohren, seilartige
Schwänze und gespaltene Klauen haben, so scheint es doch

unglaublich dass ein Thier, welches einen langgestreckten
Körper, aufwärts gewölbten Rücken und Bauch, schmächtige
Seiten, lange dünne Beine hat und fähig ist, unseren Pfer-
den auf eine bis zwei Meilen vorzulaufen, irgend wie mit
dem fetten Schweine Englands verwandt sein könne. Als
ich zuerst ein solches in Morlaix sah, fuhr es so plötzlich auf und wurde durch die Störung so behende in
seinen Bewegungen und unseren Schweinen in seinen Ge-
berden so unähnlich, dass ich mich nach einem zweiten
Geschöpfe derselben Gattung umsah, ehe ich zu entscheiden wagte, ob es ein normales oder aussergewöhnliches
Product der Natur sei. Aber ich finde sie alle gleich
und was ich in der Ferne für ein Windspiel gehalten
hätte, bin ich, bei näherer Besichtigung, genöthigt als
Schwein anzuerkennen.“

## (1814.)

Seiner Mutter schreibt er am 14. April 1814 aus Rom:
„Als Sir H. Davy zuerst die Güte hatte, mich aufzufor-
dern, ihn zu begleiten, sagte ich mir: „nein, ich habe eine
Mutter, ich habe Verwandte hier“, und damals wünschte
ich mir fast, einzeln und allein in London zu stehen.
Aber jetzt bin ich froh, Jemanden hinterlassen zu haben,
an den ich denken, und dessen Handlungen und Beschäftigungen ich mir im Geiste ausmalen kann. Jede freie
Stunde benutze ich dazu, um an die Meinigen zu Hause zu
denken. Die Erinnerung an die Daheimgebliebenen ist
meinem Herzen ein beruhigender und erfrischender Balsam
trotz Krankheit, Kälte oder Müdigkeit. Mögen diejenigen,
die solche Gefühle nutzlos, leer und armselig finden,

immerhin so denken. Ich beneide ihnen ihre verfeiner-
ten und unnatürlichen Gefühle nicht. Mögen sie sich
in der Welt, befreit von solchen Fesseln und Herzens-
banden umsehen, und über diejenigen lachen, die sich,
mehr durch die Natur geleitet, noch solchen Gefühlen
hingeben. Was mich betrifft, so schätze ich sie, trotz
der Vorschriften moderner Ueberbildung, als das Erste
und Beste im menschlichen Leben."

In einem Briefe an seinen Freund Abbott, vom
6. September 1814 datirt, heisst es: „Ich glaube, wenn
ich England wieder betrete, werde ich es nie wieder verlassen; denn ich finde die Dinge in der Nähe besehen so
anders, als ich voraussetzte, dass ich London sicherlich
niemals verlassen hätte, wenn ich Alles, was vorgefallen
ist, hätte voraussehen können. Auch war ich, so lockend
mir das Reisen erschien, (und ich weiss die Vorzüge
und Freuden davon zu würdigen) doch mehrere Male
drauf und dran, eiligst nach Hause zurückzukehren; aber
reiferes Nachdenken hat mich bewogen, abzuwarten, was
die Zukunft noch bringen mag, und gegenwärtig hält
mich nur der Wunsch nach Ausbildung hier zurück. Ich
habe gerade genug gelernt, um meine Unwissenheit zu
erkennen; ich schäme mich meiner allseitigen Mängel
und wünsche, die Gelegenheit, denselben abzuhelfen,
jetzt zu ergreifen. Die wenigen Kenntnisse, die ich mir
in Sprachen erworben habe, machen den Wunsch in mir
rege, mehr von denselben zu wissen, und das Wenige, was
ich von Menschen und Sitten gesehen, ist gerade genug,
um es mir wünschenswerth erscheinen zu lassen, mehr zu
sehen. Hierzu kommt die herrliche Gelegenheit, deren
ich mich erfreue, mich in der Kenntniss der Chemie und
anderer Wissenschaften fortwährend zu vervollkommnen,
und dies bestimmt mich, die Reise mit Sir H. Davy bis zu

Ende mitzumachen. Aber, wenn ich diese Vortheile ge-
niessen will, habe ich viel zu opfern, und obgleich diese
Opfer der Art sind, dass ein demüthiger Mensch sie nicht
fühlen würde, so wird es mir doch schwer, sie zu bringen.
Auch finde ich, dass das Reisen mit der Religion fast unvereinbar ist (ich meine das moderne Reisen), und ich bin
noch so altmodisch, mich meiner Jugenderziehung sehr
nachdrücklich — ich hoffe sogar vollständig — zu erinnern, und also — trotz der Vortheile des Reisens — ist
es nicht unmöglich, dass Sie mich eines Tages an Ihrer
Thür erblicken, an Statt eines Briefes den Sie erwarten."

### (1815.)

Am 25. Jan. 1815 schreibt er: „Sie sagen, ich sei nicht
glücklich und wünschen an meinen Schwierigkeiten Theil zu
nehmen. Ich habe Ihnen nichts von Wichtigkeit zu sagen,
sonst hätten Sie es längst erfahren; aber da Sie freund-
schaftliches Mitgefühl für mich hegen, will ich Sie mit
meinen unbedeutenden Angelegenheiten heimsuchen.
Einige Tage, ehe wir England verliessen, weigerte sich
Sir H. Davy's Kammerdiener, ihn zu begleiten, und in
dem kurzen Zeitraume, der uns durch die Umstände blieb,
konnten wir keinen andern bekommen. Sir H. Davy
sagte mir, es sei ihm sehr leid, aber, wenn ich es unter-
nehmen wolle, das absolut Nöthige für ihn zu thun, bis
er nach Paris käme, so werde er dort einen andern Diener
annehmen. Ich murrte wohl, ging aber darauf ein.
In Paris konnte er keinen bekommen; in Lyon konnte er
keinen bekommen; in Montpellier konnte er keinen bekommen; so wenig als in Genua, Florenz, Rom und im
übrigen Italien. Schliesslich, glaube ich, wünschte er keinen

zu bekommen, und wir sind jetzt genau in derselben Lage
wie in dem Augenblicke, als wir England verliessen. Natürlich bringt dies für mich Pflichten mit sich, die ausserhalb
unserer Verabredung lagen und die ich nicht zu verrichten
wünsche, die aber unvermeidlich sind, wenn ich bei Sir
H. Davy bleibe. Es sind allerdings nur wenige; denn
da er in seiner Jugend gewohnt war, sich selbst zu be-
dienen, so thut er es auch jetzt, und lässt einem Diener
wenig zu thun übrig; und da er weiss, dass es mir nicht
angenehm ist und ich mich dazu nicht verpflichtet erachte, bemüht er sich mir so viel als möglich solche
Dinge fern zu halten, die mir unangenehm sein würden.
Aber Lady Davy ist andern Sinnes. Sie liebt es, ihre
Autorität zu zeigen, und anfangs gab sie sich alle Mühe,
mich zu demüthigen. Dies veranlasste Zwistigkeiten zwischen uns, wobei ich jedoch mehr und mehr das Feld be-
hauptete. Die öftere Wiederholung der Streitigkeiten
machten mich gleichgültig dafür, schwächte hingegen
ihre Autorität und lehrte sie einen milderen Ton anzu-
schlagen. Sir H. Davy hat nun auch für Lohndiener,
sogenannte „*Laquais de place*", gesorgt, die Alles, was
sie irgend wünscht, für sie besorgen, und jetzt fühle ich
mich einigermaassen behaglich. In der That bin ich im
Augenblick ganz frei, denn Sir Humphry ist nach Ne-
apel gegangen, um ein Haus oder eine Wohnung zu
suchen, wohin wir ihm folgen sollen, und ich habe nichts
zu thun, als Rom zu sehen, mein Tagebuch zu schreiben
und Italienisch zu lernen."

## (1816.)

Am 17. Januar 1816 begann Faraday in der City Philosophical Society einen Cursus von 17 Vorlesungen über Chemie, die sich über einen Zeitraum von zwei und einem halben Jahr erstreckten. Er benannte sie: „Eine Darstellung der Eigenschaften die der Materie innewohnen, der Formen der Materie und der elementaren Stoffe." Im Laufe eines Jahres hielt er sechs oder sieben Vorlesungen über die allgemeinen Eigenschaften der Materie, über Cohäsionskraft, über chemische Verwandtschaft, über Strahlung, über Sauerstoff, Chlor, Jod, Fluor, Wasserstoff und Stickstoff. Seine ersten Vorträge arbeitete er ganz aus, während er sich für die späteren nur Anmerkungen machte, indem er die Experimente ganz davon schied, und diese Methode behielt er im Wesentlichen während seines übrigen Lebens bei.

In diesem Jahre war es auch, dass Faraday in dem Quarterly Journal of Science seine erste Schrift, eine Analyse des natürlichen kaustischen Kalkes, veröffentlichte. In seinem Buche über experimentelle Untersuchungen in der Chemie und Physik hat er folgende Anmerkung beigefügt: „Ich drucke diese Abhandlung vollständig wieder ab; es war meine erste Mittheilung an das Publicum und war für mich in ihren Resultaten sehr wichtig. Sir Humphry Davy gab mir als ersten chemischen Versuch diese Analyse, zu einer Zeit, wo meine Furcht grösser als mein Selbstvertrauen war, und beide weit grösser als meine Kenntnisse, und zu einer Zeit, wo mir der Gedanke an eine selbstständige, wissenschaftliche Arbeit noch nie in den Sinn gekommen war. Die Beifügung der Anmerkungen Sir Humphry's und die Veröffentlichung meiner Arbeit ermuthigten mich fortzufahren und von Zeit zu Zeit andere unbedeutende Mittheilungen zu machen, von denen einige in diesem Bande erscheinen. Ihre Uebertragung aus dem Quarterly in andere Journale vermehrte meine Kühnheit, und jetzt, da vierzig Jahre verflossen sind, und ich auf die Resultate der ganzen Reihe der Mittheilungen zurückblicken kann, hoffe ich noch, so sehr sich auch ihr Charakter verändert hat, weder jetzt noch vor vierzig Jahren zu kühn gewesen zu sein."

Anfangs Februar schrieb er seinem Freunde Abbott wie folgt: „Seien Sie nicht beleidigt, wenn ich Ihnen einen Brief schreibe, weil ich eine Abneigung fühle, irgend etwas anderes zu thun; sondern fassen Sie es vielmehr als einen Beweis auf, dass eine Unterhaltung mit Ihnen einen grösseren Einfluss auf mich ausübt, als irgend eine andere Erholung vom Geschäft; ich sage Geschäft, und ich glaube, es ist seit Jahren das erste Mal, dass ich meinen Beruf so bezeichne. Aber gegenwärtig verdient er in der That diesen Namen, und Sie müssen nicht denken, dass ich scherze, denn es ist mein Ernst. Es ist jetzt 9 Uhr Abends, ich habe eben das Laboratorium verlassen wo ich die Vorbereitungen für die morgen zu haltenden beiden Vorträge beendete. Unser doppelter Cursus giebt mir genug zu thun; fügen Sie zu diesem die von Sir Humphry geforderte Hülfe bei seinen Untersuchungen hinzu, und stellen Sie einen Vergleich an zwischen dem Zeitraume und den Leistungen während desselben, so werden Sie gewiss meine Trägheit in unserer Correspondenz entschuldigen. Verstehen Sie mich wohl, ich klage nicht; je mehr ich zu thun habe, desto mehr lerne ich; aber ich wünsche nur, Ihnen den Eindruck zu nehmen, als wäre ich faul —

ein Argwohn, der übrigens, wie mich eine kurze Ueberlegung lehrt, nie vorhanden sein kann."

In Betracht der vermehrten Arbeit, die durch Mr.
Brande's Vorlesungen im Laboratorium veranlasst wurde,
ward Faraday's Gehalt durch die Institution auf 100 Pfd.
Sterling jährlich erhöht.

In diesem Jahre fing Faraday ein Tagebuch an, in
welches er während funfzehn Jahren Notizen über alle
möglichen Gegenstände eintrug. Einige der ersten
darunter handeln von der Erzeugung von Sauerstoff, von
der Verbrennung von Zink und Eisen in verdichteter Luft,
von einem Cursus geologischer Vorträge von Mr. Brande
in der Royal Institution, und liefern einen Bericht über
Zerah Colburn, dem dreizehnjährigen amerikanischen
Schnellrechner. Sir H. Davy schickte diesen mit einem
Billet zu Faraday, in welchem es hiess: „sein Vater
wird Ihnen im Vertrauen die Methode, deren sich der
Sohn bedient, erklären; ich wünsche mich zu vergewissern,
ob sie praktisch anwendbar ist."

Faraday schrieb in diesem Jahre: „Als Mr. Brande
im August London verliess, übergab er mir das Quarterly
Journal; es nimmt meine Zeit und meinen Fleiss sehr in
Anspruch, und in Folge dessen habe ich reichlich zu
schreiben gehabt. Es ist übrigens auch das Mittel gewesen, mir frühzeitige Belehrung über einige neue Wissens-
zweige zu ertheilen."

### (1820.)

Anfangs Juli 1820 sind Beweise für eine völlige Umwandlung seines bisher so ruhigen Gemüthszustandes vorhanden. Unter seinen Freunden befand sich ein Herr

Eduard Barnard; dieser gehörte einer in Paternoster Row lebenden Familie an, mit der Faraday lange genau befreundet gewesen war und die mit seiner eigenen Familie in religiösen Ansichten übereinstimmte. Faraday machte der Schwester dieses Freundes, Sarah Barnard, einen Antrag und wurde schliesslich angenommen.

### (1821.)

Den 11. März schrieb Sir H. Davy: „Lieber Herr Faraday, ich habe mit Lord Spencer gesprochen, und hoffe, dass Ihre Wünsche sich erfüllen lassen; aber erwähnen Sie die Sache nicht, bis ich Sie sehe." Dieser Wunsch bestand wahrscheinlich darin, seine Frau in die Dienstwohnung in der Royal Institution bringen zu dürfen. Im Juni wurde er zum Inspector des Hauses und des Laboratoriums, für die Zeit der Abwesenheit von Mr. Brande, ernannt.

Alle Hindernisse wurden entfernt, und die Hochzeit fand am 12. Juni statt. Faraday wünschte diesen Tag gerade wie jeden andern betrachtet zu sehen; und beleidigte einige nahe Verwandte dadurch, dass er sie nicht zur Hochzeit einlud.

In einem Briefe, welchen er an die Schwester seiner Frau vor der Hochzeit schrieb, sagt er: „Auch nicht durch die Vorgänge eines einzelnen Tages soll Unruhe, Lärm oder Hast veranlasst werden. Aeusserlich wird der Tag wie alle anderen vergehen, denn es genügt, dass wir im Herzen Freude erwarten und suchen."

Einen Monat darauf wurde er bei einer Versammlung der Gemeinde als vollberechtigtes Mitglied der Sandemanischen Kirche aufgenommen.

# Anhang II.

## Zur Entdeckung der elektromagnetischen Rotationen.

(Zu Seite 12.)

Am 12. September 1821 schreibt er den folgenden Brief an Hrn. G. de la Rive:

„Sie werfen uns halb und halb vor, dass wir Ampère's Experimente über Elektromagnetismus nicht genugsam schätzen. Erlauben Sie mir, Ihre Meinung über diesen Punkt etwas zu mildern. In Betreff der Experimente hoffe und glaube ich, dass der gebührende Werth ihnen zuerkannt wird; aber es sind deren nur wenige; und der grössere Theil von dem, was Ampère veröffentlicht hat, ist Theorie, und zwar Theorie, die in vielen Punkten nicht auf Experimente gestützt ist, wo sie hätten angeführt werden sollen. Dennoch sind Ampère's Experimente vortrefflich und seine Theorie ist scharfsinnig, und was mich betrifft, so hatte ich einfach, ehe Ihr Brief kam, wenig darüber nachgedacht, weil ich von Natur skeptisch in Beziehung auf naturwissenschaftliche Theorien bin und einen grossen Mangel an experimentellen Beweisen fand. Seitdem habe ich mich indessen

mit dem Gegenstande befasst, und habe eine Schrift für das
Journal unserer Institution in Bereitschaft, welche in acht
bis vierzehn Tagen erscheinen soll, und da sie Experimente
enthält, unverzüglich von Mr. Ampère zur Unterstützung
seiner Theorie, viel bestimmter als von mir selbst, ange-
wandt werden wird. Ich beabsichtige eine Abschrift davon für Sie beizufügen und weiss nur nicht, wie ich sie
Ihnen zuschicken soll."

„Ich betrachte alle gewöhnlichen Anziehungen und
Abstossungen der Magnetnadel durch den Leitungsdraht
als Täuschungen, die Bewegungen sind in der That weder
Anziehungen noch Abstossungen, noch auch die Wirkung
von irgend welchen anziehenden oder abstossenden Kräften;
sie sind vielmehr die Wirkung einer Kraft in dem Drahte,
welche anstatt den Pol der Nadel dem Draht näher zu
bringen oder ihn von demselben zu entfernen, vielmehr ihn
in einem niemals endenden Zirkel um den Draht zu bewegen
strebt, so lange die Batterie thätig ist. Es ist mir gelungen das Vorhandensein dieser Bewegung nicht nur
theoretisch, sondern auch experimentell zu zeigen, und ich
habe es erreicht, nach Gefallen den Draht sich um einen
magnetischen Pol, oder einen magnetischen Pol sich um
den Draht drehen zu lassen. Das Gesetz der Rotation,
auf welches alle anderen Bewegungen der Nadel und des
Drahtes sich zurückführen lassen, ist einfach und schön.
Stellen Sie sich einen Draht vor, der Nord- und Südpol
in der Weise verbindet, dass das Nordende mit dem positiven Pol, das Südende mit dem negativen Pol einer
Batterie verbunden ist, so würde ein magnetischer Nordpol sich fortwährend darum herumbewegen in der schein-
baren Richtung der Sonne von Osten nach Westen oben,
und von Westen nach Osten unten. Kehrt man die Verbindungen mit der Batterie um, so ist die Bewegung des

Poles umgekehrt. Oder setzt man den Südpol der rotirenden Kraft aus, so werden seine Bewegungen in entgegengesetzten Richtungen liegen, als beim Nordpol."

„Wenn man den Draht sich um den Pol drehen lässt,
stimmen die Bewegungen mit den erwähnten überein.
Der von mir benutzte Apparat hatte nur zwei Platten
und die Richtung der Bewegungen war natürlich die um-
gekehrte von der oben angegebenen, mit einer Batterie
von mehreren Plattenpaaren. Nun bin ich im Stande
gewesen, durch Experimente diese Bewegung, wie sie
durch Ampère's Schraubendrähte etc. dargelegt ist, in
ihren verschiedenen Formen zu verfolgen, und in allen
Fällen nachzuweisen, dass ungleiche Pole sowohl abstossen als anziehen, und dass gleiche Pole sowohl anziehen
als abstossen; und ich denke somit die Analogie zwischen
dem Spiraldraht und dem gewöhnlichen Magnetstab nach-
drücklicher als früher gezeigt zu haben. Und doch habe
ich mich keineswegs dafür entschieden, dass im gewöhnlichen Magnet elektrische Ströme vorhanden sind. Ich
hege keinen Zweifel, dass die Elektricität die Kreise des
Spiraldrahtes in denselben Zustand versetzt, wie man sich
die Kreise im Magnetstab vorstellen kann, aber ich bin
nicht sicher, ob dieser Zustand direct von der Elektricität
abhängt, oder ob er nicht durch andere Kräfte hervorgebracht werden kann, und darum werde ich über Ampères
Theorie im Zweifel bleiben, bis das Vorhandensein von
elektrischen Strömen im Magnet durch andere als magnetische Wirkungen nachgewiesen ist." Am Weihnachts-
tage gelang es ihm, einen Draht durch welchen ein Volta-
scher Strom geleitet war, in derselben Weise durch den
Einfluss der magnetischen Pole der Erde in Bewegung
zu setzen, wie es bisher durch die Pole eines Magnetstabes
geschehen war. Mr. George Barnard, der zur Zeit im

Laboratorium bei ihm war, schreibt: — „Auf einmal rief
er aus: „Sehen Sie, sehen Sie, sehen Sie, George!" als
der kleine Draht anfing zu kreisen. Das eine Ende war,
wie ich mich erinnere, in einem Quecksilbernäpfchen, das
andere oben am Centrum befestigt. Ich werde nie den
Enthusiasmus, der in seinem Gesichte ausgedrückt war,
und das Leuchten seiner Augen vergessen!" Diese Entdeckung verwickelte ihn in Schwierigkeiten mit Dr. Wollaston und anderen Mitgliedern der Royal Society, wovon der folgende Briefwechsel Zeugniss giebt: Am 8. October schrieb Faraday an J. Stodart:

„Ich höre täglich mehr von diesen Gerüchten und
fürchte, dass sie, wenn ich auch nur davon flüstern höre,
doch unter den Männern der Wissenschaft laut genug besprochen werden; und da dieselben zum Theil meine Ehre
und Redlichkeit angreifen, so liegt mir viel daran, sie zu
beseitigen oder sie wenigstens insoweit als irrthümlich zu
erweisen, als sie meine Ehre angreifen. Sie wissen sehr
wohl, welchen Kummer mir die sehr unerwartete Aufnahme
meiner Abhandlung im Publicum gemacht hat, und Sie
werden sich deshalb nicht wundern, wenn mir alles daran
liegt diesen Eindruck los zu werden, obgleich ich dadurch
Ihnen und anderen Freunden Mühe mache. Wenn ich
recht verstehe, so klagt man mich an:

1. dass ich die Belehrungen, welche ich empfing, indem
   ich Sir Humphry Davy bei seinen Versuchen über
   diesen Gegenstand assistirte, nicht ausdrücklich erwähnt habe,

2. dass ich über die Theorie und Ansichten von Dr. Wollaston geschwiegen habe,

3. dass ich die Sache aufgenommen habe, während
   Dr. Wollaston daran war, sie zu bearbeiten, und

4. dass ich in nicht ehrenhafter Weise Dr. Wollaston's

Gedanken mir angeeignet und ohne dies anzuerkennen sie bis zu den Ergebnissen verfolgt habe, die ich
herausbrachte."

„Es liegt etwas Erniedrigendes im Zusammenhang
dieser Anklage, und wäre die letzte darunter richtig, so
fühle ich, dass ich nicht in dem freundschaftlichen Verhältnisse, in dem ich jetzt mit Ihnen oder anderen wissenschaftlichen Männern stehe, bleiben könnte. Ich kann
es in der That nicht ertragen einem solchen Verdachte
ausgesetzt zu sein. Meine Liebe für wissenschaftlichen
Ruhm ist noch nicht so gross, dass sie mich verleiten
sollte, ihm auf Kosten der Ehre nachzustreben, und meine
Sorge diesen Flecken abzuwaschen, ist so gross, dass ich
mich nicht scheue Ihre Mühe auch über das gewöhnliche
Maass hinaus in Anspruch zu nehmen." Er fährt dann
fort sich zu rechtfertigen und sagt:

„Die Veranlassung zu den Versuchen, die in meiner
Abhandlung beschrieben sind, kam mir durch die histori-
sche Skizze über den Elektromagnetismus, die in den
Annals of philosophy erschien."

Am 30. October schreibt er direct an Dr. Wollaston:

„Ich hörte von mehreren Seiten, dass man annimmt, ich hätte nicht ehrenhaft gehandelt, und dass
ich Ihnen Unrecht gethan hätte. Ich wünschte und bemühte mich Sie zu sehen, wurde jedoch durch den Rath
meiner Freunde daran verhindert, und jetzt erst steht
es mir frei den Weg einzuschlagen, den ich anfangs zu
nehmen beabsichtigte.

„Wenn ich Unrecht gethan habe, so war es ganz
gegen meine Absicht, und der Vorwurf, dass ich unehren-
haft gehandelt hätte, ist unbegründet. Ich bin kühn genug,
mein Herr, um eine Unterredung von wenigen Minuten,
diesen Gegenstand betreffend, zu bitten; meine Gründe

dazu sind: Ich möchte mich rechtfertigen, und Sie ver-
sichern, dass ich grosse Verpflichtungen gegen Sie zu
haben fühle, dass ich Sie hochachte, dass ich um Alles die
ungegründeten Voraussetzungen, die gegen mich sprechen,
widerlegen möchte; und wenn ich Unrecht gethan habe,
möchte ich Abbitte leisten."

Am folgenden Tage schreibt Dr. Wollaston:

„Es scheint mir, dass Sie sich ganz falsche Vorstellungen von der Intensität meiner Empfindungen über den
von Ihnen besprochenen Gegenstand machen. Was die Meinungen betrifft, welche Andere über Sie hegen mögen, so ist
das Ihre Sache und nicht die meinige; und wenn Sie selbst
vollständig sicher sind, dass Sie keinen unrechten Gebrauch von den gelegentlichen Aeusserungen Anderer gemacht haben, so scheint es mir, dass Sie keinen Grund
haben, sich viel über die Sache zu beunruhigen. Aber
wenn Sie eine Unterredung mit mir wünschen, und es
Ihnen passt, morgen zwischen zehn und eilf vorzusprechen,
so werden Sie mich jedenfalls finden."

Diese Angelegenheit erschwerte selbst noch Faraday's Aufnahme in die Royal Society.

## (1822.)

In diesem Jahre fing er einen neuen Band von Aufzeichnungen an, den er „Chemische Notizen, Andeutungen,
Fingerzeige und Gegenstände für weitere Forschung" über-
schrieb. In diesen Band übertrug er viele der Fragen aus
seinem Tagebuch, nur dass er die Gegenstände in verschiedene Rubriken theilte. Er setzt als eine Art Vorwort hinzu:
„Ich schulde diesen Anmerkungen viel, und glaube, dass
es sich für jeden wissenschaftlichen Mann lohnt, eine der-

artige Sammlung zu machen. Ich bin überzeugt, nach
einer einjährigen Erfahrung würde Niemand die Mühe
für verloren erachten." — Wurde eine Frage beantwortet,
so durchstrich er sie mit einer Feder und schrieb das
Datum der Antwort quer durch. In diesem Buche sind
in möglichst wenig Worten die ersten Keime seiner späteren Arbeiten vorhanden.

In der letzten Woche des Juli begab er sich mit
seinem Freunde Richard Philipps zu Mr. Vivian, in
die Nähe von Swansea, um ein neues Verfahren in die
Kupferwerke einzuführen, und von da nach Hereford
wegen einer Gerichtsverhandlung, die aber verschoben
wurde. Nach Ablauf von vierzehn Tagen kehrte er nach
London zurück. Seine Briefe an seine Frau, die nach Rams-
gate ging, sind von Liebe erfüllt, und der Bericht seines
„Entrinnens vom grossen Hause und der vornehmen
Gesellschaft" am Sonntag, sowie andere Stellen, zeigen,
wie stark das religiöse Gefühl ihn bewegte.

# Anhang III.

## Einzelnes aus dem späteren Leben.

## (1823.)

Am ersten Mai wurde der Vorschlag zu seiner Wahl als Mitglied der Royal Society zum ersten Male in dieser Gesellschaft verlesen.

„Da Herr Michael Faraday, ein Mann, der mit der Chemie im höchsten Grade vertraut und der Verfasser mehrerer Schriften ist, die in den Verhandlungen der Royal Society gedruckt worden sind, es wünscht, ein Mitglied (fellow) dieser Gesellschaft zu werden, so empfehlen wir Unterzeichneten ihn auf Grund unserer persönlichen Bekanntschaft als dieser Ehre besonders würdig und glauben, dass er für uns ein nützliches und schätzenswerthes Mitglied werden wird."

Hier folgen neunundzwanzig Namen; die ersten sechs waren: Henry Wollaston, J. G. Children, Wm. Babington, Sir W. Herschel, J. South, Davies Gilbert. Die Wahlbewerbung musste in zehn auf einander folgenden Sitzungen verlesen werden, ehe ballotirt wurde.

Am 30. Mai schrieb Faraday an Herrn Warburton:

13*

„Mein Herr, ich habe die mir von Ihnen versprochene
Gelegenheit einer Unterhaltung mit Ihnen mit Sehnsucht
erwartet, und neue Umstände machen mir dies jetzt noch
wünschenswerther, als zur Zeit, da ich Sie im Ausschuss
sah. Ich glaube bestimmt, Sie werden es nicht bereuen,
mir eine Gelegenheit zu einer Erklärung zu bieten. Denn
ich glaube nicht, dass, nachdem Sie sich mit mir besprochen haben, Sie etwas von mir verlangen könnten, was
ich nicht gern erfüllte. Ich bin überzeugt, viele der Gefühle, die Sie über den fraglichen Gegenstand hegen,
würden sich, wenn Sie meiner Bitte Gehör gäben, wesentlich verändern. Gleichzeitig muss ich sagen, da ich
Ihre Meinungen fast nur von Hörensagen kenne, dass ich
vielleicht darüber nicht gehörig unterrichtet bin. Ihre
Parteinahme in der Sache habe ich überhaupt erst kürzlich
erfahren. Sie würden vermuthlich einem Manne Gerechtigkeit widerfahren lassen, der nicht umhin kann, zu fühlen, dass ihm Unrecht geschehen ist, wenn auch hoffentlich
nur unbeabsichtigt. Gewiss kennen Sie nicht alle Umstände des Falles; aber ich bin versichert, dass Sie darüber
nicht absichtlich im Unklaren zu bleiben wünschen. Entschuldigen Sie meinen Eifer und meine Kühnheit in dieser
Angelegenheit, und bedenken Sie, wie sehr ich dabei be-
theiligt bin."

Am Ende der Abschrift dieses Briefes macht Fara-
day die folgenden Bemerkungen: „In Bezug auf Davy's
Einsprache gegen meine Erwählung zu der Royal Society:
Sir H. Davy böse, 30. Mai; Phillip's Bericht durch
Herrn Children, 5. Juni; Herrn Warburton's erster
Besuch, 5. Juni Abends; ich besuchte Dr. Wollaston
und er war nicht in der Stadt, 9. Juni; ich besuchte
Dr. Wollaston und traf ihn, 14. Juni; ich besuchte Sir
H. Davy und er besuchte mich am 17. Juni."

Vor vielen Jahren theilte er einem Freunde folgende Thatsachen mit, die er sich schriftlich bewahrt hatte: „Sir H. Davy sagte ihm, er müsse seine Wahlbewerbung zurücknehmen. Faraday erwiderte, er habe sie nicht in Vorschlag gebracht, sondern seine Antragsteller, und er könne sie daher auch nicht rückgängig machen. Darauf sagte Sir Humphry: dann müsse er seine Antragsteller dazu veranlassen. Faraday's Antwort war: er wisse, sie würden das nicht thun. „So werde ich es als Präsident thun," sagte Sir Humphry. Faraday erwiderte, er sei überzeugt, Sir Humphry Davy werde nur das thun, was er für die Gesellschaft als gut erachte.

Einer von Faraday's Antragstellern erzählte ihm, Sir Humphry sei im Hofraum des Versammlungslocals eine Stunde lang umhergegangen, um ihn, den Berichterstatter, zu überzeugen, Faraday dürfe nicht gewählt werden. Indessen ging der Sturm vorüber, jedoch nicht ohne Spuren: am 29. Juni schliesst Sir H. Davy ein Billet: „Ich bin, lieber Faraday, sehr aufrichtig Ihr Gönner und Freund."

Den 8. Juli schrieb Herr Warburton: „Ich habe den Artikel über „Elektromagnetische Rotation" in dem Royal Institution Journal, Bd. XV, S. 288, gelesen, und ohne Sie glauben machen zu wollen, dass ich demselben ohne Rückhalt beistimme, muss ich doch sagen: im Ganzen befriedigt er mich, wie auch wahrscheinlich Dr. Wollaston's andere Freunde. Da ich überall zugegeben und behauptet habe, Sie seien wegen Ihres wissenschaftlichen Verdienstes zu einer Stelle in der Royal Society berechtigt, so habe ich nie versucht, Ihre Wahl zu verhindern, und mir keine Mühe gegeben im Geheimen eine Oppositionspartei gegen Sie zu bilden. Ich würde die Gelegenheit wahrgenommen haben, die der Vorschlag, über Sie zu ballotiren, mir ge-

boten hätte, um öffentlich die Seite Ihres Verhaltens zu
tadeln, an der ich etwas auszusetzen hatte. Hieraus
machte ich kein Geheimniss, sondern theilte meine Absicht
sowohl Solchen, die es Ihnen wiedersagen würden, als
auch dem Präsidenten selbst mit. Sollte ich Jemanden
treffen, in dessen Gegenwart derlei Aeusserungen geschehen waren, so werde ich erklären, dass meine Einwen-
dungen gegen Sie als Mitglied widerrufen sind, und dass
ich jetzt wünsche, Ihre Wahl zu fördern."

Am 29. August schreibt Faraday an Herrn Warburton: „Ich danke Ihnen aufrichtig für ihre Freundlichkeit, mir Ihre Meinung über den Bericht zu sagen.
Obgleich Ihre Billigung nicht ohne Vorbehalt ist, über-
steigt sie doch bei weitem meine Erwartungen, und ich
freue mich, dass Sie mir jetzt das moralische Gefühl
zutrauen, welches, wie Sie mir bemerkten, für ein Mitglied der Royal Society nöthig ist."

„Im Bewusstsein meiner Gefühle und der Recht-
schaffenheit meiner Absichten zögerte ich keinen Augenblick meine Ansprüche zu behaupten, und mich wei-
terhin so zu verhalten, wie es mir recht schien. Unter
diesem Einfluss schrieb ich meinen Bericht, ohne Rücksicht auf den wahrscheinlichen Erfolg, und es freut mich,
dass ein Schritt, von dem ich voraussetzte, er werde dazu
dienen, die Gefühle gegen mich zu verschlimmern, im Gegentheil das Mittel gewesen ist, die Gemüther Vieler zu
befriedigen und mir Freunde zu erwerben. Vor zwei Mo-
naten hatte ich mich darauf gefasst gemacht, von der Royal
Society als Mitglied zurückgewiesen zu werden, trotzdem ich überzeugt war, dass Viele mir Gerechtigkeit widerfahren lassen würden, und bei meinem damaligen Ge-
müthszustande wäre mir sowohl Verwerfung als Annahme
gleichgültig gewesen. Jetzt aber, wo ich die Freundlich-

keit und Hochherzigkeit Dr. Wollaston's, die sich während des ganzen Verlaufes dieser Angelegenheit bewährt hat, erfahren habe und einen lebhaften und allgemeinen Ausdruck von Wohlwollen für mich wahrnehme, entzückt mich die Hoffnung mit der Aufnahme in die Gesellschaft beehrt zu werden, und ich danke Ihnen aufrichtig für Ihr Versprechen, meine Wahl unterstützen zu wollen. Ich weiss Sie hätten es mir nicht gegeben, wenn Sie mich nicht aufrichtig der Zulassung für würdig erachteten."

Faraday war der erste Secretair des „Athenaeum Club", aber, da er diese Beschäftigung mit seinen sonstigen Bestrebungen unvereinbar fand, legte er diese Stelle im Mai 1824 nieder. Sein Name ist dem Prospectus und der frühesten Liste der Mitglieder beigefügt.

In diesem Jahre wurde er zum correspondirenden Mitgliede der Pariser Akademie der Wissenschaften und der „Academia dei Georgofili di Firenze", und ferner zum Ehrenmitglied der „Cambridge Philosophical Society" und der „British Institution" gewählt.

### (1824.)

Die Wahl Faraday's zum Mitglied der Royal Society fand am 8. Januar statt.

### (1831.)

Faraday begann in diesem Jahre den ersten von acht Bänden Manuscript seiner Experimentaluntersuchungen, die er schliesslich der Royal Institution hinterliess. Der Erste dieser grossen Foliobände beginnt mit

§. 1 und der siebente erreichte im Jahre 1856 den §. 15 389.
Veröffentlicht hat er die Ergebnisse dieser Arbeit in vier
Octavbänden, davon drei über Elektricität, der letzte
über Chemie und Physik. So oft er sich daran machte,
irgend einen Gegenstand zu untersuchen, schrieb er auf besondere Zettelchen verschiedene Fragen, die sich darauf
bezogen, und welche, wie er sich dachte, „der Natur der
Sache nach" durch Versuche beantwortet werden könnten.
Er befestigte sie einen unter den andern in der Reihenfolge, wie er zu experimentiren beabsichtigte. War ein
Zettel beantwortet, so nahm er ihn weg, und andere
wurden im Laufe der Untersuchung hinzugefügt und
ihrerseits auch beantwortet und weggenommen. Wenn
er keine Antwort erhalten konnte, blieb der Zettel an
seiner Stelle für eine spätere Zeit. Aus den Antworten
wurden die Manuscriptbände zusammengestellt und aus
diesen die Abhandlungen für die Royal Society entnommen,
wo sie immer vorgetragen wurden, noch ehe der populärere
Bericht in der Royal Institution in einer Freitag-Abend-
Vorlesung gegeben wurde.

## (1835.)

### (Zu Seite 154 und 155.)

Am 20. April schrieb ihm Sir James South, er habe
einen Brief von Sir Robert Peel empfangen, der ihn
benachrichtigen sollte, dass wenn Sir Robert Peel im
Amte geblieben wäre, er ihm eine Pension zuertheilt
haben würde. Am 23. schrieb Faraday eine Antwort
an Sir James South, an deren Absendung ihn jedoch
sein Schwiegervater verhinderte. Er sagt darin: „Ich
hoffe, Sie werden nicht denken, dass ich Ihre beabsichtigte

Güte nicht anerkenne, oder Ihre Bemühungen zu meinen
Gunsten unterschätze, wenn ich Ihnen erkläre, dass ich
keine Pension annehmen kann, so lange ich noch im
Stande bin meinen Lebensunterhalt zu verdienen. Ziehen
Sie sich hieraus keinen voreiligen Schluss über meine Ansichten. Ich finde im Gegentheil, dass die Regierung
ganz Recht hat, wenn sie die Wissenschaft belohnt und
unterstützt. Ich will auch gern glauben, dass meine be-
scheidenen Anstrengungen einer solchen Anerkennung würdig seien, da man mir eine solche zugedacht hat, und ich
finde, dass die Männer der Wissenschaft kein Unrecht begehen, wenn sie derartige Pensionen annehmen; allein trotzdem möchte ich keine Bezahlung annehmen für Dienste,
welche ich nicht wirklich geleistet habe, während ich noch
im Stande bin, mir meinen Lebensunterhalt zu verdienen."

In der „Times" vom Samstag den 28. October 1835
erschien folgendes Gespräch, welches Fraser's Magazin
entnommen war:

„Mr. Faraday: Auf Ihren Wunsch, Mylord, bin ich
hier; es ist wohl wegen der Angelegenheit, welche ich
theilweise mit Mr. Young*) besprochen habe?

Lord Melbourne: Sie sprechen von der Pension,
nicht wahr?

Mr. F.: Ja, Mylord.

Lord M.: Ja, Sie denken an die Pension, und ich
denke auch daran. Ich hasse den blossen Namen dieser
Pension. Meiner Ansicht nach ist das ganze System,
Pensionen an Schriftsteller und Gelehrte auszutheilen,
nichts als ein grosser Humbug, und nicht in guter Absicht eingeführt worden. Es hätte niemals geschehen
sollen; es ist nichts als Humbug von Anfang bis zu Ende.

*) Lord Melbourne's Secretair.

Mr. F. (aufstehend): Nach dieser Aeusserung sehe ich, Mylord, dass mein Geschäft mit Eurer Herrlichkeit beendet ist. Ich wünsche Ihnen einen guten Morgen."

Faraday sagte zwar, dieser Bericht des Gespräches sei ungenau, er schrieb jedoch:

An den sehr ehrenwerthen Lord Viscount Melbourne, Lordschatzmeister.

26. October.

„Mylord!

Da die Unterredung, welche ich die Ehre hatte mit Eurer Herrlichkeit zu führen, mir Gelegenheit gab, die Ansichten kennen zu lernen, welche Eure Lordschaft über Gelehrtenpensionen im Allgemeinen hegen, so fühle ich mich veranlasst eine derartige Begünstigung, welche Eure Lordschaft mir zudenkt, hiermit ehrfurchtsvoll abzulehnen; denn ich fühle, dass es keinerlei Genugthuung für mich wäre aus Eurer Lordschaft Händen etwas zu empfangen, was unter der äusseren Form einer Anerkennung eine ganz andere, von Eurer Lordschaft so nachdrücklich bezeichnete Bedeutung haben würde."

Diesen Brief, sagt Faraday, gab ich selbst auf Lord Melbourne's Büreau mit einer Karte ab, noch am Abend des Tages, an welchem das Gespräch stattgefunden hatte.

Am sechsten November schrieb Faraday an Sir James South: „Und nun, verehrtester Herr, lassen Sie mich abbrechen ... Ich weiss, Sie haben selbst viele ernste Sorgen. Lassen Sie mich nicht länger noch eine Vermehrung derselben für Sie und Andere sein. Jedenfalls gehören Ihnen meine dankbarsten Gefühle für alle die grosse Freundlichkeit, welche Sie mir erzeigt haben.

Ihr aufrichtig ergebener
Faraday."

## (1839.)

Mr. Magrath besuchte regelmässig Faraday's Vor-
mittagsvorlesungen, einzig und allein, um für Letzteren
alle Fehler aufzuschreiben, welche er in der Ausdrucksweise oder in der Aussprache bemerken konnte.

Die Liste derselben wurde stets mit Dank angenommen, und obwohl Faraday nicht alle Verbesserungen
sich dauernd aneignete, so wurde doch Mr. Magrath ge-
beten, seine Bemerkungen ohne alle Rücksicht fortzu-
setzen. — In früheren Zeiten pflegte Faraday stets
eine Karte, worauf das Wort „Langsam" in grossen Buch-
staben stand, bei den Vorlesungen vor sich liegen zu
haben. Zuweilen übersah er dieselbe, und sprach zu
rasch; in solchen Fällen hatte der Diener Anderson den
Befehl, die Karte von Neuem vor ihn hinzulegen. Zuweilen auch liess er eine Karte mit dem Worte „Zeit"
vor sich hinsetzen, wenn die Stunde nahe zu Ende war.

## (1844.)

Faraday schrieb an eine Dame von ungewöhnlicher
Begabung, die seine Schülerin zu werden wünschte, was
er aber ablehnte. Folgendes über seine religiösen Ansichten: „Sie sprechen von Religion, in diesem Punkte jedoch
werde ich Sie sehr enttäuschen. Sie werden sich vielleicht
erinnern, dass ich über Ihre Richtung in dieser Beziehung einst Vermuthungen aufstellte, die nicht weit
von der Wahrheit entfernt waren. Ihr Vertrauen in
mich fordert jedoch das Meinige heraus, und ich habe,

wo die Gelegenheit dazu passend schien, nie Anstand genommen, meine Ansichten auszusprechen. Solche Gelegenheiten sind jedoch äusserst selten, denn meiner Ueberzeugung nach sind religiöse Gespräche meistens unnütz. Meine Religion hat mit der Wissenschaft Nichts zu thun. Ich gehöre der kleinen und verachteten christlichen Secte der „Sandemanianer" an, welche wenig oder fast gar nicht bekannt ist; und unsere Hoffnung ist gegründet auf den Glauben, der da ist in Christus."

„Allein obwohl die Werke Gottes in der Natur niemals irgendwie im Gegensatz zu den höheren Dingen stehen können, welche zu unserem zukünftigen Leben gehören, und obwohl diese Werke wie alles Andere nur zu Seiner Verherrlichung beitragen müssen, so finde ich es dennoch durchaus nicht nöthig, das Studium der Naturwissenschaften und die Religion an einander zu ketten; und im Umgange mit meinen Nebenmenschen habe ich stets den religiösen und den wissenschaftlichen Verkehr als zwei völlig getrennte Dinge betrachtet."

## (1846.)

Faraday sagte dem Secretär der Royal Institution, welcher über die Einrichtung von Abendvorlesungen seinen Rath einholte: „Ich wüsste keinen Grund gegen Abendvorlesungen, wenn Sie Jemand Passendes finden, der dieselben halten kann. Was nun populäre Vorträge betrifft (welche zugleich Achtung verdienen und gesunde Vernunft lehren sollten), so giebt es wenige Dinge auf der Welt, die schwerer zu finden werden. Vorträge, in denen wirklich etwas gelernt werden soll, werden niemals populär sein; und Vorträge, die populär sind,

werden niemals **wirklich lehrreich** sein. Diejenigen,
welche glauben, man könne eine Wissenschaft mit weniger
Mühe lehren oder erlernen, als das A B C, verstehen
wenig von der Sache, und doch, wer hat jemals das
A B C ohne Noth und Mühe erlernt? Doch können Vorlesungen allgemein bildend wirken, und dem Aufmerk-
samen zeigen, was er eigentlich zu lernen hat, und
sind deshalb namentlich für das grosse Publicum nützlich in ihrer Weise. Ich glaube, sie könnten uns gegenwärtig nützlich sein, wäre es auch nur um denjenigen,
die in ihrem ernsten Streben nach Kenntnissen Grosses
von diesen Vorlesungen erwarten, eine Antwort zu geben.
Agriculturchemie wäre gewiss ein vortreffliches und
populäres Thema; allein ich fürchte, dass gerade die,
welche am wenigsten davon verstehen, sich einbilden, es
sei sehr viel darüber bekannt."

## (1854.)

Die parlamentarische Commission der britischen
Naturforscherversammlung wandte sich, vertreten durch
Lord Wrottesley, an Faraday, um seine Ansicht zu
hören über die Mittel und Wege, welche die Regierung
oder das Parlament anwenden könnten, um die Stellung
der Wissenschaft und deren Träger in England zu verbessern. Er antwortete: „Ich bin nicht im Stande, hierüber eine endgiltige Meinung abzugeben. Mein ganzer
Lebensgang mit den besonderen Umständen, die zu meinem Glücke beitragen, ist zu verschieden von den Verhältnissen Anderer, welche durch Sitten und Gewohnheiten an die Gesellschaft gebunden sind. Durch die Güte
Aller, meiner Königin voran, habe ich so viel, als zur

Befriedigung aller meiner Bedürfnisse genügt; und was
äussere Ehren betrifft, so habe ich als Mann der Wissenschaft von fremden Ländern und Fürsten Auszeichnungen erhalten, welche, da sie eben nur sehr Wenigen
und sehr Auserwählten zu Theil werden können, meiner
Meinung nach Alles weit übertreffen, was unser Land zu
geben im Stande wäre."

„Ich kann nicht sagen, dass ich solche Auszeichnungen nicht zu würdigen wüsste; im Gegentheile, ich
schätze dieselben sehr hoch; allein ich glaube nicht, dass
ich je im Hinblicke darauf gearbeitet oder darnach ge-
strebt habe. Wenn derartiges bei uns ins Leben gerufen würde, so ist die Zeit vorbei, wo es für mich noch
irgend welche Anziehungskraft hätte; und Sie werden
daraus erkennen können, wie ungeeignet ich bin, auf
Grund meiner eigenen Motive und Gefühle hin zu be-
urtheilen, was wohl auf Andere einen Einfluss ausüben
könnte. Trotzdem will ich hier einige Bemerkungen nie-
derschreiben, über welche ich oftmals nachgedacht habe.
. . . . . . . . Eine Regierung sollte um ihrer selbst
willen diejenigen Männer ehren, welche dem Lande dienen
und ihm zur Ehre gereichen. Die Aristokratie der Wissenschaft müsste solche Auszeichnungen haben, welche
für Andere unerreichbar sind. . . . . . Aber ausserdem
sollte die Regierung in den zahlreichen Fällen, die ihr
vorkommen und die wissenschaftliche Kenntnisse er-
fordern, auch Männer der Wissenschaft verwenden, vor-
ausgesetzt, dass dieselben auch mit Geschäften umzu-
gehen wüssten. Dies geschieht vielleicht jetzt bis zu einem
gewissen Grade, aber jedenfalls noch lange nicht in der
Ausdehnung, wie es mit dem allseitigsten Nutzen geschehen könnte. Offenbar kann eine Regierung, die noch
nicht gelernt hat, die Gelehrten als eine Classe zu ehren

und mit ihnen in Verkehr zu treten, auch nicht die rich-
tigen Mittel und Wege gefunden haben."

## (1862.)

In diesem Jahre wurde Faraday auf das Ausführ-
lichste durch die Mitglieder der öffentlichen Schulcommis-
sion befragt. Seine wichtigsten Aussprüche lauten wie folgt:
„Dass die Kenntnisse in den Naturwissenschaften,
welche der Welt während der letzten fünfzig Jahre in
solcher Fülle zu Theil wurden, so zu sagen unberührt
liegen bleiben, dass man gar keine genügenden Versuche
macht, dieselben der heranwachsenden Jugend mitzutheilen, damit sie den ersten Einblick in diese Dinge gewinne:
dieses erscheint mir so merkwürdig, dass ich Mühe habe,
es zu verstehen. Obwohl es mir scheint, als sei die Op-
position dagegen im Abnehmen begriffen, so ist sie doch
noch schwer zu überwinden. Dass sie aber überwunden
werden muss unterliegt für mich keiner Art von Zweifel."
Auf die Frage, welches wohl das geeigneteste Alter sei
zum Beginn des Studiums der Physik, antwortete er: „Ich
glaube, dass diese Frage erst nach einer Erfahrung von
mehreren Jahren beantwortet werden kann. Ich kann nur
so viel sagen, dass ich bei meinen Vorlesungen für die
Jugend während der Weihnachtszeit niemals ein Kind fand,
welches zu jung gewesen wäre, um das zu begreifen, was
ich ihm sagte. Viele darunter kamen oft nach der Vorlesung zu mir mit Fragen, welche ihr Verständniss bewiesen."

Weiter sagt er: „Ich halte das Studium der Naturwissenschaften für eine herrliche Schule für den Geist.
Neben den Gesetzen, welche allen geschaffenen Dingen
durch den Schöpfer aufgeprägt sind, und neben der wun-

dervollen Einheit und Unwandelbarkeit der Materie und
der Kräfte der Materie kann es gar keine bessere Schule
für die Erziehung des Verstandes geben."

## (1864.)

Auf eine Einladung der Brüder Davenport antwortete er: „Ich bin Ihnen für Ihre höfliche Einladung verbunden, allein ich bin so oft enttäuscht worden durch die
Manifestationen der Geister, denen ich zu verschiedenen
Zeiten meine Aufmerksamkeit zuwenden sollte, dass ich
nicht ermuthigt bin, noch irgendwie darauf zu achten; ich
überlasse deshalb diejenigen, wovon Sie sprechen, den
Händen der Herren Professoren der höheren Magie. Falls
die Geister irgend welche nicht ganz werthlose Mittheilungen zu Tage fördern sollten, werde ich es den Geistern überlassen, Mittel und Wege zu finden, wie sie
meine Aufmerksamkeit erregen können. Ich bin ihrer
überdrüssig."

Einige Wochen später antwortete er auf eine Einladung anderer Art:

„Sobald die Geister das Gesetz der Schwere auf-
heben oder Bewegung erzeugen, sobald sie eine Wirkung,
welche den physikalischen natürlichen Kräften eigen ist,
entweder zu ersetzen oder aufzuheben im Stande sind —
sobald sie mich kneifen oder kitzeln, oder in irgend einer
Weise auf mich einwirken, ohne dass ich sie darum anzu-
gehen hätte, oder aber, wenn sie mir, bei hellem Tage eine
Hand, sie möge schreiben oder nicht, zeigen, oder sich mir
irgend wie sichtbar machen — sobald solche oder andere
Dinge, welche ein Taschenspieler nicht besser versteht, von
ihnen ausgeführt werden — oder, um zu höheren Beweisen

überzugehen — wenn die Geister einmal Rechenschaft von
ihrem Wesen geben und gleich ehrlichen Geistern sagen
können, was sie thun, oder wenn sie den Anstoss zu irgend
einem natürlichen Vorgange geben, — da sie, oder doch
wenigstens ihre Anhänger, behaupten, dass sie auf gewöhnliche Materie wirken können, — wenn sie also auf diese
Weise selbst sich offenbaren können, und wenn sie durch
derartige Zeichen zu mir kommen und meine Aufmerksamkeit auf sich ziehen, so werde ich sie beachten.
Allein ehe nicht solche Dinge geschehen sind, habe ich
weder für die Geister und ihre Anhänger noch für eine
Correspondenz darüber irgend welche Zeit übrig."

## (1866.)

Während des Winters verlor er mehr und mehr alle
Muskelkraft. Das letzte lebhafte Interesse, das er an den
Tag legte, war durch eine Holtz'sche Elektrisirmaschine
veranlasst.

Während des Frühlings trat bei zunehmender
Schwäche ein zeitweiliges Irrereden ein. Eines Tages
glaubte er eine Entdeckung gemacht zu haben, die mit
Pasteur's rechts- und linksdrehender Traubensäure zu-
sammenhing. Er wünschte, dass jede Spur derselben sehr
sorgfältig aufbewahrt werde, denn „es kann eine herrliche Entdeckung sein."

Seine Schwäche wurde immer merklicher; alle Func-
tionen des Körpers fanden nur mit grösster Mühe statt;
er war kaum im Stande, sich zu bewegen; doch war sein
Gemüth stets voll Dankbarkeit für die liebevolle Sorge
derer, die ihm theuer waren.

## (1867.)

Zuweilen konnte er kaum sprechen und nur mühsam einen Bissen Nahrung zu sich nehmen.

Im Frühling wurde er nach Hampton Court gebracht. Er verlor mehr und mehr das Bewusstsein und starb dort am 25. August 1867.

Milton Keynes UK
Ingram Content Group UK Ltd.
UKHW020914050424
440683UK00004B/138

9 783863 475185